荒漠绿洲过渡带固沙植被建设及其生态效应

Sand-fixing Vegetation Restoration and Its Ecological Effects in a Desert Oasis Ecotone

王国华 著

China Meteorological Press

内 容 简 介

本书内容主要分为5章:第1章绪论;第2章荒漠绿洲过渡带人工固沙植被演变及其对土壤理化性质的影响;第3章荒漠绿洲过渡带主要固沙植物生活史对风沙环境权衡响应;第4章荒漠绿洲过渡带固沙植被优势类群对非生物胁迫的响应机制;第5章荒漠绿洲过渡带敏感环境因素变化特征。本书是作者研究团队近10年的主要研究成果,可以为我国西北干旱荒漠绿洲过渡带生态文明建设提供参考。

本书可供从事自然地理、恢复生态学、水土保持与荒漠化防治等相关领域的科研、管理和教育工作者参考使用。

图书在版编目（CIP）数据

荒漠绿洲过渡带固沙植被建设及其生态效应 / 王国华著. -- 北京 : 气象出版社, 2022.5
ISBN 978-7-5029-7692-7

Ⅰ. ①荒… Ⅱ. ①王… Ⅲ. ①荒漠－绿洲－植被－生态效应－研究 Ⅳ. ①S288

中国版本图书馆CIP数据核字(2022)第068459号

荒漠绿洲过渡带固沙植被建设及其生态效应
Huangmo Lüzhou Guodudai Gusha Zhibei Jianshe Jiqi Shengtai Xiaoying

出版发行：气象出版社

地　　址：北京市海淀区中关村南大街46号	**邮政编码**：100081
电　　话：010-68407112(总编室)　010-68408042(发行部)
网　　址：http://www.qxcbs.com	**E - m a i l**：qxcbs@cma.gov.cn
责任编辑：王萃萃	**终　　审**：吴晓鹏
责任校对：张硕杰	**责任技编**：赵相宁
封面设计：楠竹文化
印　　刷：北京中石油彩色印刷有限责任公司
开　　本：787 mm×1092 mm　1/16	**印　　张**：10
字　　数：257 千字
版　　次：2022 年 5 月第 1 版	**印　　次**：2022 年 5 月第 1 次印刷
定　　价：55.00 元

本书如存在文字不清、漏印以及缺页、倒页、脱页等,请与本社发行部联系调换。

前　言

我国西北干旱地区约占全国陆地面积的1/3,是国家"一带一路"的重要区域。绿洲作为我国干旱地区人类生存和农业生产的核心地区,人们的生计紧密依赖于干旱地区绿洲农业和其他生产资源,因此,保持绿洲生态稳定对区域国民生活和生产安全稳定具有重要意义。荒漠绿洲过渡带是荒漠和绿洲生态系统的过渡区域,其物质、能量交换频繁,生态环境脆弱,一方面可以在人为活动的影响下成为绿洲,另一方面也有可能在过度开垦、放牧和薪柴砍伐等人类活动下退化为沙漠化地带,荒漠绿洲过渡带植被是否稳定直接影响着绿洲的演变方向,对于绿洲生态安全和绿洲边缘沙漠化防治具有重要作用。

荒漠绿洲过渡带生态修复是干旱地区绿洲生态环境建设的新热点。在人类活动加剧和全球气候变化的背景下,绿洲边缘固沙和土壤恢复,包括防护林建设、天然草地封育、固沙林、阻沙带,形成了对绿洲边缘流动沙丘的"防、封、固、阻"三维立体防护体系,这些固沙植被为绿洲生态安全提供重要保障。但由于风沙活动频繁,降水稀少,蒸发强烈,大面积种植固沙植被导致土壤水分下降严重,土壤表层盐分积聚,固沙植被对环境的主动适应或被动响应,是当前干旱区绿洲生态建设和环境科学研究的重点问题。本书以荒漠绿洲过渡带植被建设和生态修复为主要内容,研究了风沙环境下固沙植被对干旱、高温、风沙胁迫的适应对策,可为干旱地区绿洲荒漠化防治与植被修复和管理的开展提供重要参考。针对国家生态文明战略的重大需求,主要对人工固沙植物群落演替、土壤变化以及一年生草本植物生长、繁殖和适应对策等方面开展探讨,阐述荒漠绿洲过渡带固沙植物的生长规律和固沙效应,并对固沙植被稳定性进行评价和分析。研究团队成员在河西走廊开展荒漠绿洲过渡带固沙植被研究近10年,对固沙植被和一年生草本植物开展了大量的野外调查,对人工梭梭群落演替、固沙植被体系、人工固沙植被天然更新、一年生草本植物生长和繁殖等进行多年持续深入研究,积累了大量数据,并对这些数据进行清晰梳理、综合集成,编写成这部著作,具有很强的创新性,对于荒漠绿洲沙漠化防治、植被和土壤恢复等方面都具有很强的实用性。

经过近10年来在荒漠绿洲过渡带植被恢复研究领域的坚持和努力,研究团队陆续发表了一系列论文,本书结合国内外相关研究以及这些年的研究内容,做了系统的总结和分析,将书名命名为《荒漠绿洲过渡带固沙植被建设及其生态效应》。本书对于提高我国荒漠绿洲过渡带植被建设水平,服务于政府防风固沙、防治沙漠化侵蚀、精准化环境管理都具有一定的参考价值。本书的出版得到了很多专家学者的帮助。首先感谢中国科学院西北生态环境资源研究院赵文智研究员在研究领域多年的指导和帮助,同时感谢鲁东大学常学礼教授在本书编写过程中提供的有力帮助,还要感谢研究团队中缑倩倩老师、赵峰侠老师、曹艳峰老师,以及团队中的刘宇娇、任亦君、席璐璐、宋冰、郭文婷、刘婧、马改玲、陈蕴琳、张妍、高敏、张宇、申长盛、曾露婧等研究生同学的帮助和支持。本书的出版经费主要由国家自然科学基金项目(42171033,41807518,41701045)和中国科学院沙漠与沙漠化重点实验室开放基金(KLDD-2020-05)资助。

本书作者水平有限,文中难免有不足和差错的地方,恳请读者以及相关领域专家不吝批评指正。

作者

2021 年 12 月 27 日于太原

目 录

第1章 绪论

1.1 中国内陆干旱区沙漠化类型与防治对策

沙漠化(desertification)是指在干旱、半干旱和半湿润地区由于人类不合理地开发利用土地资源所造成的以风沙活动为主要标志的土地退化。目前,在全球范围内沙漠化土地面积已达到 3600×10^5 km²,占到全球陆地面积的 1/4,并且呈扩大和加剧的趋势。作为一种主要的土地退化类型,沙漠化引起的土地资源丧失和生态环境恶化,引发了一系列的社会、经济问题。防治沙漠化成为实现这些地区经济和生态可持续发展的关键。

中国大约有 1/3 的国土面积分布在西北干旱、半干旱地区,是世界上受沙漠化危害最为严重的国家之一,沙漠化土地面积大约为 165×10^4 km²,占到近国土面积的 17%,20 世纪 90 年代中国每年增加的沙漠化土地面积为 2460 km²,21 世纪达到 3400 km²(王涛,2001),沙漠化扩大的趋势明显。因此,我国西北干旱和半干旱区成为沙漠化防治最为关注的地区之一。封育天然植被和营造人工固沙植被,可以使沙漠化土地丧失的生产力得以恢复,使新的生态平衡逐渐建立(Oba et al.,2008)。从 20 世纪 50 年代开始,中国就开始实施了一系列的生态植被建设工程,在干旱风沙区营造防风固沙林面积 121×10^4 km²,飞播人工植被面积 36.2×10^4 km²(李新 等,2005)。与此同时,学者们围绕着风沙区生态建设的模式(张新时,1994;刘胤汉等,2002;兰泽松 等,2005)、固沙植被物种的选择(赵兴梁 等,1963;邱国玉,1988;李进,1992;牛西午,1998;李洪山 等,1995;郭泉水 等,2005)、生态恢复的效果(邹本功 等,1981;赵晓英等,1998;蒋德明 等,2002;李锋瑞 等,2003;曹成有 等,2004;张华 等,2005;唐进年 等,2007;杨晓晖 等,2007;蒋德明 等,2008a;2008b;安云,2013;蒋德明,2002)、固沙植被群落的演替(刘玉平,1996;郭柯,2000;李新荣 等,2000;张继义 等,2003;张军 等,2007;陈艳瑞 等,2008;常兆丰 等,2008)、土壤水分变化(李新荣 等,2001;常学向 等,2003;何志斌 等,2004a;马风云等,2006;史小红 等,2007;张静 等,2007;潘颜霞 等,2009;黄刚 等,2009;安摇慧 等,2011)等一系列问题开展了大量的研究。在固沙植物的选择上,小叶锦鸡儿(*Caragana microphylla*)、梭梭(*Haloxylon ammodendron*)、柠条(*Caragana korshinskii*)、沙拐枣(*Calligonum-mongolicunl*)、油蒿(*Artemisia ordosica*)等耐旱性灌木成为人工固沙区植物种的主要选择(高尚武,1984;李滨生,1990;安摇慧 等,2011)。在固沙植被建立的效应上,自固沙植物人工林建立以后,地表粗糙度快速增加,有效地控制住风沙流,提高防风固沙能力。并且,随着固沙年限的增加,林内风蚀面积逐年减小,悬浮的细沙颗粒在沙表沉积。林内沙面细小颗粒物质不断累积,沙土中粉粒和黏粒含量增加,土壤有机质、氮、磷含量提高,沙土得到初步恢复(Johnson et al.,2000)。但由于风沙区干旱的气候特征,强烈的蒸发,微弱的淋溶,使得聚集在表层的细粒物质形成一层薄的"沙面结皮"(邹本功 等,1981)。沙面结皮的形成一方面可以固定住流动沙丘表面,为表层成土过程提供母质粒度成分,但另一方面也会拦截降雨入渗,使得大部分降雨不能补给深层土壤(Li et al.,2004a),从而使土壤水分和养分的表层聚集导致生物系统浅层化,大量的浅根系植物,比如:一年生植物草本、一年生禾本科植物开始大量入侵,草本盖度和密度逐年增加;随着固沙年限增加,多年生灌木对于土壤深层50~500 cm土壤水分消耗严重,深层土壤成为干旱层;加之沙面结皮拦截了10~20 mm以下的降水,草本和灌木的水分竞争进一步加剧干旱层的发展,迫使深根性灌木逐渐退出防护体系(Wang et al.,2004)。而大量的浅根系植物入侵,固沙植被区植被群落由单一的人工固沙植被逐步演变为一个多层次、半人工半天然群落。为了建立更为稳定的固沙植被系统,研究不同演替时期固沙植被演替、土壤理化性质变化、土壤变化与固沙植被群落演替的内在机理以及固沙植被生态恢复机理都具有重要的意义(周海燕 等,2005)。

河西走廊是中国西北主要的绿洲分布地区,不同大小和形状的绿洲分布在广袤的荒漠之中。荒漠绿洲成为一种独特的非地带性景观,主要通过利用内陆河水资源来进行农业生产活动(Li et al.,2007)。近年来,随着人口的增加,绿洲面积逐年扩大,绿洲化和荒漠化在绿洲荒漠边缘地区相伴而生。水资源供需矛盾尖锐,大量超采地下水(丁宏伟 等,2002),地下水资源量迅速减少,造成天然植被减少,沙漠化面积增加,生态环境急剧恶化(王根绪 等,2002)。作为处于绿洲和荒漠之间的过渡区,荒漠绿洲过渡带是维持绿洲稳定和防止绿洲沙漠化最为重要的缓冲带。绿洲边缘地区环境退化可以直接导致绿洲农业生产退化(郑度,2007)。因此,在荒漠绿洲过渡带建立固沙植被带就成为防止沙漠化对绿洲侵蚀的主要措施。研究荒漠绿洲过渡带固沙植被演替过程以及在这个过程中土壤理化性质的变化,对于认识荒漠化防治过程中植被与土壤之间的相互影响关系,促进沙区植被恢复,以及维持绿洲生态环境稳定可以起到非常重要的作用。

1.2　荒漠绿洲过渡带固沙植被建设与限制因素

1.2.1　固沙植被群落演变

在沙地环境下生存的植物,对于抵御风沙、稳定地表、促进土壤发育起着决定性的作用。而随着沙土机械组成、水分、养分等土壤理化性质在时间和空间上的变化,固沙植被群落也会随之发生演变。在沙漠化逆转过程中,固沙植被群落演变是沙漠化的防治最为关注的变化之一(Johnson et al.,2000),是成功逆转沙漠化的关键。

在腾格里沙漠沙坡头地区,地下水埋深达到60 m,年均降水量只有186 mm左右,为了固定流动沙丘,建立了大量人工固沙林。通过研究发现,固沙植被群落演变大致分为4个阶段,人工固沙植被建立8~10 a,人工种植灌木为主要植被类型,植被盖度为15%~25%;建立20 a,草本植物增加到10种以上,草本植物盖度增加,而灌木盖度下降,草本盖度是灌木盖度的3~4倍,植被盖度维持在30%左右;20~30 a,草本植物盖度增加到25%,除了油蒿(*Artemisia ordosica*),其他灌木如花棒(*Hedysarumscoparium*)和柠条(*Caragana korshinskii*)等深根系植物逐渐退出人工固沙植被群落;建立30 a,群落垂直结构上,灌木层盖度下降显著,草本层盖度增加,并成为优势层,盖度维持在25%~30%(Li et al.,2004b);50 a以后,50~500 cm土壤层由于深根系植物的消耗土壤水分下降,加之生物结皮层的形成,降水入渗减少,深层土壤水分下降严重,逐渐形成一个土壤干旱层。由于水分缺失,深根系灌木退出防护体系,土壤-植被系统活动层趋于浅层化,固沙植被群落演变成一个浅根系灌木、草本植物和隐花植物共存的植被群落(Li,2005;Wang et al.,2006)。

在科尔沁沙地,年均降水量为 350～400 mm,天然固沙植被群落演替被分为以下阶段:流动沙丘阶段,植被主要以一年生草本植物为主,例如虫实(*Corispermummongolicum*)、沙蓬(*Agriophyllumsquarrosum*)等;半流动沙丘阶段,植被以差不嘎蒿(*Artemisia halodendron*)和一年生草本为主;固定沙丘阶段,以一年生草本和多年生草本为主的杂草群落;固定沙丘稳定以后,植被群落逐渐向榆树疏林草地演变。在植被恢复的过程中,禾本科植物和多年生草本逐年增加,固沙植被群落趋于复杂、多样的结构发展。在流动沙丘向固定沙丘发展的过程中,植被盖度、物种丰富度和多样性都逐渐增加,三者的变异性也在同时减少,而其中盖度变异幅度要多于丰富度和多样性,沙丘固定过程中植被盖度受到外界的干扰和土壤变化作用的影响比丰富度和多样性更为敏感(Li et al.,2004b;张继义 等,2004;赵哈林 等,2004a;蒋德明 等,2008b;李玉霖 等,2008)。

1.2.2　土壤理化性质演变

土壤是植物生长和生态系统中诸多生态过程例如水分平衡、营养物质循环、能量循环的主要参与者和载体。作为植物根系吸收养分和固着的基质,土壤具有吸收降水和保持水分的功能,同时富含大量的无机矿物养料,成为植物生长和发育所需养分的来源,对植被群落结构、动态、功能和演变有极大的影响,因此土壤理化性质演变成为衡量沙地生态系统恢复和改善的关键指标之一(吴彦 等,2001)。

沙漠化逆转过程由于人为改造的干预,植被和土壤环境会发生全面的改善。土壤作为生态系统中重要的不可或缺基质环境因子,土壤性质的改善是沙漠化逆转的一个基本特征。建立固沙植被的主要目的之一就是改善土壤的物理化学性质,为植物的生长和盖度增加提供可靠的保障。土壤的物理性质主要包括土壤质地、结构、土壤水、土壤温度等物理特征,这些特征对于土壤的透气性、持水性、养分、保肥能力具有重要的作用。而土壤化学性质是影响植被生存、繁殖和发育的直接环境因素,土壤有机质、全氮、全磷、电导率以及酸碱度等因素都会对植物的生长造成影响。土壤性状的改变表现了土壤营养环境,是影响植被演变的重要因素(赵哈林,2007)。

目前,沙漠化逆转过程中土壤特征变化的研究主要集中在四个方面:土壤物理性质,例如土壤机械组成、容重、土壤温度、湿度等(常学向 等,2003;吕贻忠 等,2006;李禄军 等,2007;李玉强 等,2006;赵文智,2002);土壤化学性质,例如土壤有机质、氮、磷、电导率和 pH 等(靳虎甲 等,2008;董锡文 等,2010);土壤生物指标,例如土壤呼吸强度、土壤酶活性、土壤微生物和动物活动等(陈祝春,1991;李玉强 等,2008);土壤各因子的相互关系,例如土壤物理性质变化与化学性质的关系及理化性质变化对其他土壤特性的影响等(曹成有 等,2005)。

在风沙区,长期的风蚀导致表层土壤的粗质化,大量富含养分的细小颗粒被风沙活动侵蚀,土地生产力下降。董治宝等(1998)试验发现,风成沙的可侵蚀服从分段函数,0.09 mm 粒径最易被风蚀。按照风蚀的难易程度,风成沙颗粒可以分为 3 种:大于 0.7 mm 和小于 0.05 mm 为难侵蚀颗粒;0.7～0.4 mm 和 0.075～0.05 mm 为较难侵蚀颗粒;0.075～0.4 mm 为易侵蚀颗粒。苏永中等(2002a,2004a)研究发现封育退化沙质草地和种植人工固沙植被都可以有效地恢复土壤,土壤黏粉粒含量增加,但短期恢复仅仅使得土壤表层粒径分布发生变化;人工植被固沙过程中,流动沙丘到固定沙丘土壤颗粒分形维数逐渐提高(齐雁冰等,2007)。同时,沙漠化逆转中土壤细粒增加主要发生在固沙后期(于素华,2005)。大量研究发现,沙漠化逆转的本质是沙粒细化,即随着植被盖度、生物量的增加,沙丘逐步得到固定,土壤中的粉粒、黏粒含量都有显著增加,土壤质地向着细粒化方向发展(Duan et al.,2004;Li et al.,2007a)。同时,土壤结构、土层特性、有效水分保持能力等方面都会随之有所改善(刘新民等,1996)。沙漠化导致土壤退化,不同地域均表现为随着沙漠化的发生发展,土壤黏粉粒减少,有机质、氮、磷等养分含量趋于下降,而土壤中的粗沙含量、土壤容重等指标都趋于升高。研究发现土壤有机质含量与土壤机械组成的变化密切相关,土壤机械组成变化和有机质的下降与土壤机械组成的变化进一步影响土壤结构,从而影响到土壤紧实度、土壤含水量等变化,最后导致土壤质量的下降(赵哈林 等,2004a)。稳定的沙面上不断地截留大气中的尘土,细粉物质越积越厚,再加上植物的枯枝落叶,经微生物的分解作用,使贫瘠的沙地有了肥力,有利于草本植物的生长发育。因此大量草本植物侵入到人工植被区,使人工植被区的植物种类日渐丰富,而且具有固沙植被年龄越大,物种组成越多的特点。

国内外关于干旱、半干旱区沙丘固定过程中,固沙植被群落演变的研究很多,在中国研究区域主要集中在科尔沁沙地、腾格里、巴丹吉林和塔克拉玛干沙漠等地区。植被群落演变的研究内容主要包括植被群落演变过程中,植被物种组成变化,物种多样性变化,植物生活型变化和植被群落结构变化等方面。目前大多数研究发现,导致植被群落演变的因素,主要包括植被群落内部因素,例如土壤环境的变化和发展,植被群落结构的变化等,人为干预因素,外部环境因素和自然灾害等。在我国干旱少雨的沙地,土壤水成为限制植被生长和发育的主要环境因素。受水分驱动的土壤-植被系统演变,影响着资源的空间分布和变化。流沙固定、结皮形成导致土壤水分保持能力、入渗、再分配过程的变化,从而形成一个新的土壤-植被系统水环境。很多研究发现,在人工固沙植被建立 20~30 a 左右,土壤深层 50~500 cm 水分下降显著,因此那些深根系植物会在植被群落演替后期退出群落,而那些可以有效利用降雨的浅根系植物往往可以生存下来,成为灌木层的优势种(常学礼 等,2000)。同时,随着年限的增加,土壤表层养分含量也会随之增加,土壤水分和养分的表层化将导致生物系统浅层化(Li et al.,2004a;Wang et al.,2004;Li,2005),一年生草本和浅根系植物入侵增加。随着演变的继续进行,草本层盖度和密度都将最终占据优势地位(徐彩琳 等,2003;赵存玉 等,2005;宋创业 等,2008)。因此,干旱区固沙植被群落的演变过程主要是受土壤水分和养分的控制(Li et al.,2004a;Li et al.,2004b)。

1.2.3　沙埋对固沙植被天然更新的影响

种子萌发、幼苗生长、定居是植物完成生活史的重要阶段(Moore,1986),同时也是植物种群保持稳定的重要环节。对于大多数植物,种子萌发、幼苗定居阶段是植物生长周期中最为脆弱的时期。流动沙丘严酷的环境条件,使得生长在该地区的植物在长期的适应过程中形成了独特的种子萌发和幼苗生存策略以便应对多变的环境胁迫。特别是对于沙埋、风蚀的适应是决定植物能否在沙地成功更新的重要因素。

植物种子萌发一方面会受到自身种子特征的影响,另一方面也会受到诸多环境因素的约束。种子大小和重量与种子的产量、传播、种子萌发、幼苗生长以及存活息息相关(Moles et al.,2006),同时,也会直接影响植被的更新(Fenner et al.,2005)。种子大小可以通过以下两个方面来影响植物更新。首先,植物种子的大小和母株产生种子的数量呈负相关,种子越大,种子数量越少(Moles et al.,2004a);大种子往往能够萌发出较大的幼苗,这些幼苗对于光照和土壤资源往往具有较强的竞争力,相比于小种子,对于植被的更新有更大的贡献(Coomes et al.,2003);其次,在自然环境中,种子传播的距离除了与当地的风力大小、母株的高度有关外,也与种子的大小和重量有关(Ezoe,1998)。种子重量也可以通过影响幼苗在群落中的生存竞争强度来影响群落的结构特征(Silvertown,1981)。不论是对于种间还是种内,大且重的种子萌发出来的幼苗往往对于植物补员有着更为重要的意义。除了种子大小和重量,也有研究发现种子附属物和表面的结构对于种子传播幼苗萌发方面也有很大的影响。具翅或羽状物的植物种子借助风力可以传播到更远的地方,从而有利于种子萌发以及幼苗生长(Grime,2006)。带钩或带刺的种子,易于被动物带到更远的地方萌发(刘志民 等,2003a)。其他种子结构,例如种皮和果皮等也会影响胚对水分和充足的氧气的吸收而影响萌发。

另一方面,除了种子自身的特征影响外,环境因素例如水分条件、光照、温度、沙埋等也会对种子萌发、幼苗生长产生影响。首先,所有的种子都需要一定的水分来吸涨,从而打破休眠萌发(Bradbeer,1988)。在荒漠沙地,植物种子萌发主要依赖有限的降雨,很多的实验研究发现种子萌发存在一个最小萌发水分阈值,只有当环境条件达到水分阈值后,种子才可以感受其他外界条件例如温度和光照等(Baskin,2001)。但何时降雨、降雨量大小、降雨时长、降雨前干旱时间的长短都有极大的变异性,往往在一次有效降雨以后,紧接着便是持续长时间的干旱,这种情况经常使得植物种子即使萌发,而幼苗在萌发出土以后,由于长期缺水而死亡,无法完成有效的更新。在荒漠,降雨的不确定性,成为种子萌发和幼苗生长的最为不稳定的环境限制因素(Freas et al.,1983)。沙地植物种子为了适应这种沙地降雨不规律性的特征,也形成了特有的萌发对策。植物种子探测土壤水分含量的能力可以帮助其适应极端干旱的环境,保证植物种子可以选择在合适的地点和最佳的时间萌发,从而保证幼苗生长、存活(Smith et al.,2000)。其次,在荒漠沙地非生物因素占据着主导地位,植物种子一般不会全部响应于单次降雨,而是采用多批次萌发的策略规避不确定的极端环境条件(Clauss et al.,2000)。大多数研究结果表明,在荒漠地区,植物种子萌发的分批性可以保证植物在一次降雨后,仍然保存大量有活性的种子,这种特点为植物种群建成提供了多种可以选择的机会。特别是对于荒漠的一年生植物种子,它们不会强烈地响应于生长季的某一次降水,在降雨过程中,只有一部分有活力的种子萌发,其他种子则继续休眠,等待下一次降雨。这样的分配萌发对策对于荒漠植物种群的延续起到重要的作用。除了降雨,温度也可以打破种子的休眠,影响种子的萌发速度。最低、最适、最高温度三基点和昼夜温差都会对种子萌发有直接的影响。而光照,对于很多植物种子萌发,不是必要条件,它往往是和其他环境因素一起发挥作用。按照种子萌发是否需要光照,可以大体将种子分为:喜光种子、喜暗种子和中性种子(Baskin,2001)。沙埋是荒漠区最为常见的影响种子萌发的因素之一,它可以通过调节土壤水分含量、土壤温度、光照、温差等来间接影响种子萌发,而且这种影响的效果也会因为植物种子本身的特性而存在差异性。但目前,大量的研究发现,随着沙埋深度的增加,喜光照种子萌发数量呈现下降的趋势(Chen et al.,1999),而喜暗种子呈现出先增加后减小的趋势,种子适宜沙埋深度在0~2 cm居多,大多数荒漠植物种子在大于沙埋深度4~6 cm是萌发就开始急剧下降,有些植物种子在深度沙埋情况下,即使种子能够萌发,幼苗也无法出土。目前,关于单个物种为单位的种子萌发研究报道居多,在干旱、半干旱地区,有关种子沙埋对于种子萌发特征的影响研究多数是针对一年生植物种子。在今后的研究中,多物种、基于植物多样性保护和退化生态系统恢复的种子萌发研究将越来越多。

1.3　荒漠绿洲过渡带固沙植被建设目标、思路与评价

　　荒漠绿洲过渡带作为荒漠和绿洲两个不同生态系统的连接带,环境多变、敏感而脆弱,是绿洲和荒漠生态系统物质循环、能量转化及物质流交流和传递的重要边界地带,既可能转变为绿洲,又可能退化为荒漠。作为处于荒漠边缘的过渡地带,荒漠绿洲过渡带不仅是绿洲防风固沙的天然屏障,也是维系着绿洲农业稳定发展的关键保障。但从1950年以来,随着我国西北干旱地区人口快速增长,绿洲农业不断扩张,绿洲边缘农田面积不断向荒漠延伸,扩展的农田灌溉大量依赖于地下水,绿洲土壤次生盐渍化、粗制化和贫瘠化进一步加剧,绿洲边缘农田退化非常严重,而退化土地的逆转过程却十分缓慢而昂贵。荒漠绿洲过渡带的生态稳定直接关系着绿洲农业生产环境以及环境演化方向,对于荒漠绿洲过渡带的保护和修复对干旱地区绿洲荒漠化防治具有重要的意义。

1.3.1　研究目标

　　本研究拟通过一系列野外调查和实验,明确荒漠绿洲过渡带流动沙丘固定过程中固沙植被群落演变和表层土壤理化性质演变特征和规律;揭示固沙植被群落演变的机理;分析土壤理化性质变化对于固沙植被群落的影响;明确植被恢复对土壤性质变化的效应。为揭示逆转沙漠化植被恢复重建和土壤理化性质演变机理提供科学依据。

1.3.2　研究思路

　　沙漠化主要是由于人类不合理的活动而导致土壤和植被的退化,由于风沙活动增强,土壤表面沙粒化、粗质化,从而导致植被退化,最终导致生态系统结构功能受到破坏。研究逆转沙漠化过程主要表征是固沙植被和土壤的恢复。一方面必须明确研究固沙植被群落演变的机制和成因,因为在一个特定的沙地环境下,逆转沙漠化可能是一个缓慢、渐变的过程,例如天然固沙植被的封育,也可能是一个迅速、跃变的过程,例如人工固沙植被的种植。因此,不同固沙措施有不同的植被演变特征、过程和机制;另一方面,随着固沙植被的变化,土壤理化性质也会随之发生变化,土壤作为复杂的生态系统,其内在的物理和化学性质变化相互影响作用,同时也对固沙植被的演变有直接的影响。但对于固沙植被群落和土壤理化性质变化都是一个动态而长期的过程,比较准确的研究方法是定位长期观测,但这种方法需要较长时间且代表性较差,在生态系统恢复研究中以空间代替时间转化的方法被广泛采用,而且是一种可靠的观测长期生态系统变化的方法(Sparling et al.,2003)。因此,通过利用空间代替时间的方法研究长时期固沙植被演变,揭示沙丘固定过程中固沙植被和土壤的演变过程、机理和生态效应,可以很好地为沙地植被恢复重建和土壤改良提供科学依据。

1.3.3　恢复评价

　　(1)动态系统和恢复目标设定

　　荒漠绿洲过渡带生态系统修复在设定生态恢复目标时,可以考虑许多生态系统特征或属性。Hobbs等(1996)将生态系统的组成、结构、功能、异质性和复原力确定为可以考虑的属性。Higgs(1997)同样提出恢复目标应集中在"生态保真度"上,它包括三个要素,即结构/成分复制、功能成功和耐用性。另外,最近关于生态系统健康的讨论提出了系统活力,组织和复

原力作为可以评估的特性(Rapport et al.,1998),因此可以用来制定恢复项目的目标。从总体上讲,这些概念性的定义很有价值,但是如何将这些概念性的特征变成针对特定项目的有效目标呢?我们应该重点关注哪些属性?通过建立统一的标准,还是视不同环境情况而定?还有待于进一步探讨。

生态系统是自然动态的实体,因此根据静态组成或结构属性来设置恢复目标是有问题的。目前恢复生态系统的大部分工作是回顾过去,试图重建具有该系统在过去某段时间所特有的属性或功能的生态系统。由于生态系统的动态性质以及某些系统变化的不可逆性,关于这种目标的设定是否合乎需要或者是否可能的争论越来越多(Pickett et al.,1994;Aronson et al.,1995)。通常情况下,过去的生态系统组成或结构是未知的或部分已知的,并且过去的数据仅提供系统参数的参考。另外,设定目标需要明确认识到生态系统的动态性质,并认识到恢复措施可能产生的短期和长期两种不同的结果。如果将恢复的重点从尝试重建过去的事物转变为试图修复损害的生态系统,并创建能够实现明智目标的系统。当然,为特定生境设定的目标可能仍然包括保留或恢复特定的组成或结构元素,但这应该只是众多潜在目标之一。在不可能或者恢复结构非常昂贵的情况下,选择其他目标是合适的。因此,设定生态系统恢复目标成为恢复过程中极其重要的组成部分。特定地区生态恢复的目标,或更广泛的景观目标,将需要反复确定并考虑恢复的生态潜力,并将其与社会需求相匹配。Higgs(1997)提出一种适应性的修复方法(图 1.1),该方法从尽可能多的来源(包括实地从业人员)获取生态数据或知识,并利用这些知识开发生态响应模型,以显示修复活动可能的结果。采取哪种恢复方案取决于利益相关者的期望和目标,其实施程度取决于各个部门的财政和资源投入程度,包括个人投资和公共补贴或激励措施(Hobbs et al.,2001a)。正如 Higgs(1997)所指出的那样,恢复的成功很大程度上取决于达成恢复目标的开放而有效的过程。

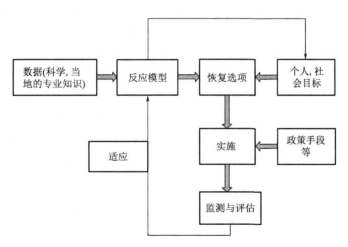

图 1.1　一个根据从各种数据来源发展而来的反应模式,并针对个别管理人员和整个社会的目标,确定恢复选择的框架。具体备选办法的执行将取决于是否有资源、政策工具等。监控和评估是恢复过程的一个重要部分,它不仅评估一个项目与既定目标的关系,而且还反馈给响应模型(引自 Hobbs et al.,2001b)

(2)恢复选项

要达到明确的恢复目标,就必须清楚了解特定的生境、景观或地区的有效恢复方案。通常,修复项目会全盘投入到可能不适合特定目标或针对明显症状而未考虑根本原因的恢复措施中。例如,在西澳大利亚州围栏牲畜经常被视为恢复原生林地社区所需的主要措施,但这不能解决土壤退化引起的更为根本的变化(Yates et al.,2000)。同样,在农业生态系统通过去除或控制入侵杂草物种来实现农业生产常常忽略了一点:杂草入侵仅仅是更基本的系统变化的症状(Hobbs et al.,1995)。因此,必须通过对特定系统或景观的当前状态以及导致该状态的潜在因素进行严格评估后再开始恢复活动。一旦做到这一点,就可以对必要的恢复活动有更清晰的了解,并且可以找到一系列的恢复选项。

生态响应模型可以对恢复措施的结果进行模拟和预测。这些模型可以是简单的或复杂的,定量的或概念性的,但它们需要捕获系统的本质及其动态性。同样,这里既要考虑生态系统的一般特征,又要考虑与具体案例有关的具体要素。许多系统的总体特征是该系统以多种不同状态存在,并且很可能存在恢复阈值,如果没有管理工作的输入,恢复阈值会阻止系统恢复或只能是返回到较低退化的状态(Hobbs et al.,1996)。Whisenant(1999)认为恢复阈值存在两种主要类型:一种是由生物相互作用引起的,另一种是由非生物限制引起的。图1.2a说明了这两个阈值,并指出不同恢复类型或阶段取决于是否能够超过相应的阈值。如果生态系统主要由于生物变化(例如放牧干扰引起的植被组成变化)而发生退化,则恢复工作需要集中在生物干扰控制上,即消除干扰因子(例如禁止放牧)或调整生物组成(例如,重新种植所需的物种)。另一方面,如果系统由于非生物特征的变化而导致退化(例如由于土壤侵蚀或污染),则恢复工作需要首先集中于消除退化因素,并修复物理环境。在后一种情况下,如果没有先解决非生物环境问题,只是专注于生物措施几乎是没有意义的。在考虑生态系统物种组成和结构的问题之前,需要确保该系统功能得到维持或修复。考虑系统功能为初步评估系统状态,随后为选择修复措施提供有用的框架(Tongway et al.,1996)。在不影响功能的情况下,恢复可以合理地将物种组成和结构作为设定目标时要考虑的具体参数。

Hobbs和Norton(1996)等强调以采用有效的方法来进行景观和区域尺度的大规模生态恢复。然而,从广义上讲,大尺度生态修复,决定恢复什么、在哪里以及如何恢复变得更加困难。迄今为止,多数研究着重于关注关键景观属性,并为模型提供了许多可能的参数(Aronson et al.,1996),但是并没有太多模型框架可以用来设定优先级和目标。因此,首先考虑景观范围内是否存在恢复阈值。可以假设,在特定的生态系统或环境中,类似的阈值类型可能也存在于景观尺度(图1.2b)。对于景观尺度,一种景观类型的阈值往往与生物多样性和生物连通性有关;而另一种类型则与景观变化是否导致景观物理过程(例如生态水文)发生大规模变化有关。同样,此架构可以帮助设置恢复优先级。如果景观已经超过生物阈值,则生态恢复措施主要以恢复生物之间的连接为目标。另一方面,如果已超过物理阈值,则需要将其物理环境视为优先恢复。例如,在破碎的森林景观中,主要目标可能是为特定目标物种提供更多额外的栖息地或重新建立生物之间连通性,而在改良的河流或湿地生态系统中,首要目标可能是重新恢复水量或水流(Middleton,1999)。

当然,在这些广泛的生态恢复目标分类中,可能有许多子类别和阈值。例如,McIntyre和Hobbs(1999)及Hobbs(2001a)探索了如何按照生境破坏和改变程度来对景观进行分类,以及如何设定管理和恢复优先级。还有一种情况是,特定物理环境所需要的恢复活动也可能起到了突破生物阈值的作用。例如,如果在湿地生态系统改变大量植被来抵消生态水文不平衡,同时也会对生物连通性产生积极影响(Hobbs,1993;Hobbs et al.,1993)。为了取得生态恢复成功,恢复活动不仅需要基于合理的生态学原理和信息,而且还必须在经济上切实可行,并有利于社会经济发展和当地民众生活改善。

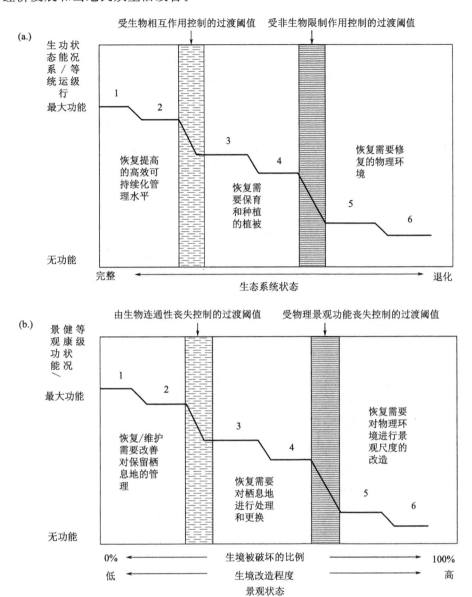

图 1.2 （a）在不同水平不同的状态之间系统转换的概念模型，表明不同类型的恢复阈值的存在，一种由生物作用控制，另一种由非生物限制控制（引自 Whisenant，1999）；（b）适用于景观的类似模型，表明过渡阈值受生物连通性丧失和景观物理环境功能丧失控制（引自 Hobbs et al.，2001b）

1.4 研究区自然概况

1.4.1 地理位置

研究区位于甘肃省河西走廊临泽县北部荒漠绿洲边缘（100°06′04″—100°09′53″E，39°19′07″—39°24′40″N），属黑河流域中游，最高海拔 1481 m，最低 1273 m，地处巴丹吉林沙漠边缘和张掖绿洲的交汇处，沙漠与绿洲之间有大面积的流动沙丘。该区位于四大区域东疆荒漠、青藏高原、黄土高原和蒙古高原的过渡地带,可以代表我国典型的干旱荒漠绿洲过渡带。

1.4.2 气候特征

研究区地处欧亚大陆腹地,周围高山环绕,气候属于典型的温带大陆性荒漠气候。气候特征为:冬季寒冷而干旱,夏季炎热而少雨,年平均气温为 7.6 ℃,夏季最高温度达到 39 ℃,冬季最低温度达到 -27 ℃;年均降水量为 116.8 mm,主要集中在 6—9 月,约占到全年降水量的 65%,年蒸发量为 2390 mm,干燥度达到 20 左右;日照充足,年日照时数为 3045 h、昼夜温差大,日较差为 13.3~1.7 ℃;春季风沙活动强烈,以西北风为主,最大风速为 21 m/s;季节性冻土为 109~123 cm,无霜期为 150~160 d(常学向 等,2006)。

1.4.3 地貌特征和土壤类型

研究区地貌类型主要为风成地貌,主要有流动、半流动、半固定、固定沙丘等。其中流动沙丘高度为 3~8 m,主要以新月形和链形沙丘的形式存在。地带性土壤是灰棕漠土,还有灌淤土、盐碱土、潜育土和风沙土等非地带性土壤。由于风蚀强烈,土壤质地较粗,其中粒径为 0.25~0.05 mm 的颗粒可以占到 80%~90%,有机质较低,可溶性盐含量低于 0.1%。

1.4.4 植被基本类型

灌木通常是荒漠生态环境中的优势种和建群种。地带性植被主要有灌木、小灌木、半灌木等荒漠植物,主要以藜科($Chenopodiaceae$)、麻黄科($Ephedraceae$)、菊科($Compositae$)、禾本科($Gramineae$)、豆科($Leguminosae$)为常见的植物(何志斌 等,2005)。梭梭($H. ammodendron$)、沙拐枣($C. mongolicunl$)、泡泡刺($N. sphaerocarpa$)、柽柳($T. ramosissima$)等成为分布于荒漠绿洲过渡带的主要固沙灌木种,并常常有一年生草本植物伴生,例如雾冰藜($B. dasyphylla$)、沙米($A. squarrosum$)、白茎盐生草($H. arachnoideus$)、碱蓬($S. glauca$)等。由于风蚀和沙埋的干扰,干旱少雨的气候特征和人为活动的破坏,天然灌木数量很少,零星分布,盖度较低,呈灌丛沙堆形式发育。为了更好地抵挡风沙侵袭,阻止外来流沙侵入绿洲农田,保持绿洲环境的稳定性,在荒漠绿洲过渡带种植有大量的人工梭梭林,并对于一些天然植被进行了封育(刘冰 等,2008)。

1.4.5 水文特征

由于处于黑河中游,地表水主要来自祁连山大气降水和冰雪融水,径流量与降水量主要集中在春季和夏季。春季冰雪融水,河流径流量增加,夏季由于绿洲农田灌溉,地表水无法满足农田灌溉,地下水成为绿洲边缘地带的主要灌溉水源,因此局部地区地下水位有下降的趋势(常学向 等,2007,Wang et al.,2015)。

第 2 章　荒漠绿洲过渡带人工固沙植被演变及其对土壤理化性质的影响

2.1　雨养梭梭人工固沙植被群落演变

河西走廊地区是中国西北主要的绿洲分布区之一,同时也是风沙活动最为强烈的地区。特别是对于新开垦农田的绿洲边缘地带,风沙侵蚀严重,对于绿洲农田的稳定生产以及绿洲环境带来了极大的威胁。为了改善地区生态环境,在荒漠绿洲边缘种植固沙植被成为当地一种主要的防风固沙措施。

梭梭,属中亚地区本地种,广泛分布于中亚荒漠地区(刘媖心,1985;胡式之,1963),由于其突出的抗旱、抗寒、耐盐碱、耐瘠薄的生态适应特征,在年降水量 30～200 mm 沙砾质荒漠、盐漠及沙丘均有分布(贾志清 等,2005)。在河西地区,作为固沙植被的先锋种,梭梭在该地区得到了大面积的种植。随着固沙年限的增加,河西走廊荒漠绿洲边缘沙地退化植被逐渐恢复,沙漠化呈现出整体逆转的趋势。以在流动沙丘上种植先锋植物梭梭为起点,经过 40 a 植被演变,当地环境有很大改善,松散沙粒流动性降低、沙地逐渐得到固定。关于固沙植被、土壤退化与恢复的研究已做了大量的工作(张立运,2002;贾志清 等,2004;盛晋华 等,2004),但对于荒漠绿洲边缘固沙植被演替的研究较少。固沙植被群落的演替,不但会对周围的环境产生影响,也会对区域生态恢复有所贡献,因此,深入了解沙地固沙植被的恢复过程及其演替规律,有助于揭示固沙植被的恢复和演替机制。本实验以河西走廊临泽地区典型荒漠绿洲边缘为例,通过对 0～40 a 梭梭人工固沙植被研究,分析沙丘固定过程中,植被群落的演变特征,以期为 120 mm 降水地区的沙地植被恢复和退化沙地生态系统重建提供科学依据。

2.1.1　研究方法

2.1.1.1　研究样地选择

在巴丹吉林沙漠边缘的平川绿洲边缘种植梭梭成为当地防治风沙活动对于绿洲农业生产产生影响的主要固沙措施。经过 40 a 种植固沙植被,风沙活动减弱,绿洲边缘地带植被得到了恢复,流动沙丘逐渐向固定沙丘转变。在本研究中,我们选择不同年代种植的梭梭人工固沙植被群落为研究对象,以相邻的流动沙丘为对照,形成了 0,3,7,15,25,35 和 40 a 的一个梭梭人工固沙植被时间序列(图 2.1)。由于流动沙丘在种植梭梭以前,土壤性状基本相同,可以认为梭梭种植以前土壤基质是一样的。因此利用空间代替时间的研究方法,对不同种植年限梭梭群落的变化和土壤理化性质进行对比和动态分析。

2.1.1.2　植被样方调查

植被调查于 2013 年 8—9 月进行,按照时间序列 0,3,7,15,25,35 和 40 a 选择典型梭梭种植样点。每个不同年限选择 3 个不同样点,每个样点布设 3 个灌木大样方,样方大小为 25 m×

图 2.1　不同固沙年限梭梭植被状况（流动沙丘）

(a)种植固沙植被;(b)种植固沙植被年限 3 a;(c)7 a;(d)15 a;(e)25 a;(f)35 a;(g)(h)40a

25 m,同时在灌木样方内随机布设 5 个 1 m×1 m 草本样方（每个样点的 3 个灌木样方以及灌木样方内的 5 个草本样方都是随机设置的）。样点位置均为平坦沙地,且每个灌木样方之间的距离大于 50 m(图 2.2)。在每个样方内,测定植株高度、冠幅和基茎作为植物的形态特征。通过冠幅和密度计算梭梭的盖度,记录样方内植物的种类。不同种植年限梭梭的根系调查主要通过根系挖掘法完成。在不同年限样地选择 3 株冠幅、高度接近于样方平均高度的梭梭植株来完成根系取样。作为深根系植物,梭梭根系形状类似于圆柱形,吸收根主要垂直发展（盛晋华 等,2004）。一般而言,直径小于 2 mm 的毛细根是植物吸收水分和养分的吸收根（Gordon et al. ,2000）,但是由于细小在人工收集时很容易受到破坏。因此,在本实验中我们取梭梭植株基茎周围直径 100 cm 的土柱,分层提取,每层深度为 20 cm,取到 200 cm 深度。取样后筛出毛细根,用游标卡尺测量。腐朽的根系不计入根系总量,因为这些细根不具备吸收水分的能力。而梭梭地上生物量,我们将其分为叶、枝条和茎干来取样称重。将取回的样品放入恒温 80 ℃的烘干箱内干燥,直到生物量没有变化为止。草本的密度和盖度分别通过样方调查来完成。地上生物量采用直接取样烘干法来完成。按照不同草本植物物种来记录密度、盖度和生物量。

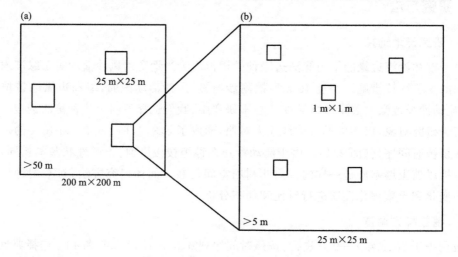

图 2.2　灌木样方和草本样方设计

2.1.2　人工固沙植被群落特征

2.1.2.1　梭梭个体特征

人工固沙植被梭梭种植以后,随着固沙年限的增加,梭梭个体特征出现显著的变化。3～25 a,梭梭冠幅和高度随着固沙年限的增加而增加,冠幅从 0.9 m² 增加到 4.6 m²,高度从 84.8 cm 增加到 445.8 cm;但是从 35～40 a,冠幅和高度都出现减小的趋势:冠幅减小到 3.8 m² 和 3.5 m²,高度减小到 381.8 cm 和 363.0 cm(表 2.1)。

表 2.1　不同年代种植梭梭个体特征

特征＼年限	3	7	15	25	35	40
冠幅(m²)	0.9±0.3ᵃ	1.5±0.2ᵇ	3.6±0.4ᶜ	4.6±0.4ᵈ	3.8±0.3ᶜ	3.5±0.9ᶜ
高度(cm)	84.8±8.0ᵃ	154.0±14.8ᵇ	271.2±19.8ᶜ	445.8±56.8ᵉ	381.8±33.5ᵈ	363.0±29.6ᵈ

注:梭梭重复数量 30 株;不同种植年限梭梭个体形态差异通过单因素方差分析表达,不同的字母代表显著差异($P <$ 0.05),下同。

2.1.2.2　梭梭密度、盖度、生物量变化

作为先锋种和优势种,人工固沙植被梭梭密集种植以后,很少有其他灌木植物入侵,梭梭成为固沙植被群落主要的灌木种。梭梭的密度、盖度和生物量成为群落灌木层的主要植被特征。梭梭种植以后,梭梭密度下降明显,从种植 3 a 的 2859 株/hm² 下降到 40 a 的 187 株/hm²(图 2.3a)。盖度从 3 a 到 25 a 显著增加,其中在 25 a 以后达到最大值,68%,随后逐年下降,40 a 以后,盖度下降到 28%(图 2.3b)。

作为固沙植被的有效补充,梭梭的天然更新也是保证种群稳定的一个重要方面。与种植梭梭不同,随着固沙年限的增加,更新梭梭的密度和盖度分逐年增加。40 a 以后,更新梭梭的密度和盖度分别达到了 1750 株/hm² 和 9%(图 2.3c—d)。

梭梭地下生物量,从种植 3 a 到 25 a 生物量都随着固沙年限的增加而增加,在 25 a 以后梭梭生物量达到了最大。35～40 a,梭梭生物量出现下降(图 2.4)。和地下生物量的变化相似,梭梭地上生物量也表现出从 3 a 到 25 a 生物量随固沙年限的增加而增加,从 35 a 到 40 a,生物量出现下降的趋势(图 2.5)。

2.1.2.3　草本植物密度、盖度、生物量变化

随着梭梭个体的生长和发育,以梭梭为建群种的人工固沙植被群落逐渐形成,快速种植梭梭使流动沙丘得以固定,并且表层土壤环境得到一定程度的改善,为其他物种的入侵创造了环境条件。一些一年生草本植物首先开始逐年增加,随着固沙植被群落发育时间的增加,草本植物的物种、密度、盖度和生物量增加,群的结构也由简单变得复杂(图 2.6)。在流动沙丘上,草本层植物以沙米为优势种,密度为 164 株/m²,而种植人工固沙植被后由于人工种植梭梭的影响,3 a 后草本密度下降到 12 株/m²,之后从种植 7 a 开始,随着固沙年限的增加而增加,在 40 a 的群落中草本植物密度增加到 249 株/m²;草本植物物种数量也从最初的 4～5 种增加到 9 种;草本植物生物量由 11.4 g/m² 增加到 56.4 g/m²;盖度从 6% 增加到 28%,并且多年生植物骆驼蹄瓣开始侵入(表 2.2)。

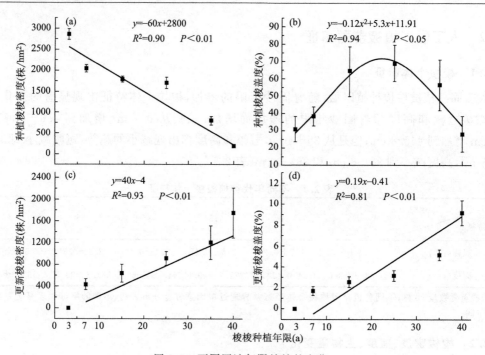

图 2.3　不同固沙年限梭梭的变化

(a)种植梭梭密度；(b)种植梭梭盖度；(c)更新梭梭密度；(d)更新梭梭盖度

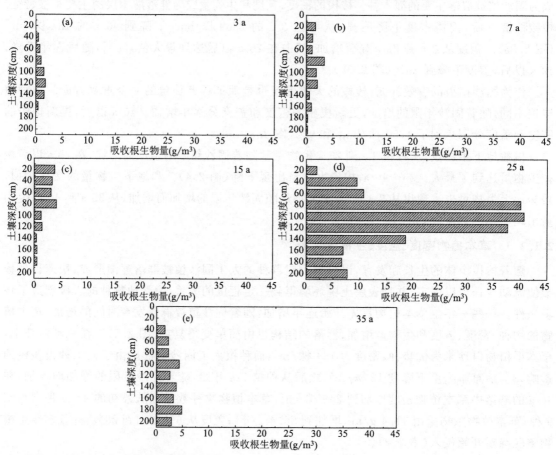

图 2.4　不同固沙年限梭梭(a)3 a、(b)7 a、(c)15 a、(d)25 a、(e)35 a 吸收根生物量

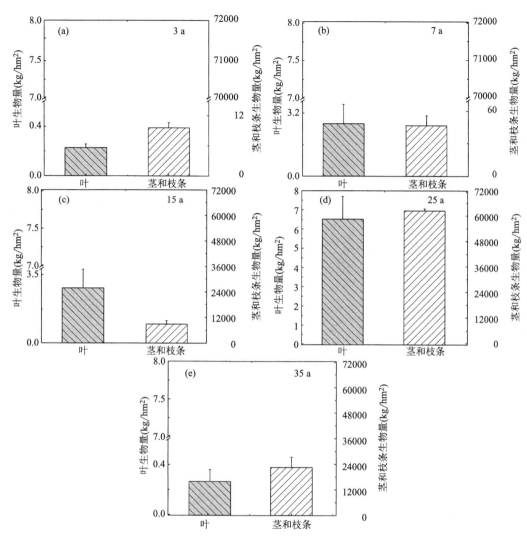

图 2.5　不同固沙年限梭梭(a)3 a、(b)7 a、(c)15 a、(d)25 a、(e)35 a 叶和枝干生物量

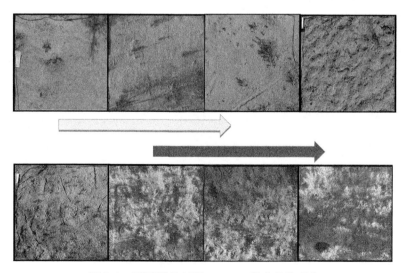

图 2.6　不同固沙年限 0～40 a 草本植物变化

表 2.2 不同年代种植的梭梭人工固沙植被群落草本植物物种组成

植物名	生活型	流动沙丘			3			7			15			25			35			40		
		D(株/m²)	F(%)	B(g/m²)	D(株/m²)	F(%)	B(g/m²)	D(株/m²)	F(%)	B(g/m²)	D(株/m²)	F(%)	B(g/m²)	D(株/m²)	F(%)	B(g/m²)	D(株/m²)	F(%)	B(g/m²)	D(株/m²)	F(%)	B(g/m²)
雾冰藜 *Bassiadasyphylla*	AF	61±59	96	4.2±4.3	2±1	93	1.8±0.6	33±15	97	2.7±1.0	99±52	100	7.4±3.0	88±29	91	3.7±2.0	46±20	100	6.7±3.0	87±38	37	18±11
沙米 *Agriophyllum Squarrosum*	AF	88±82	85	3.1±3.0	7±3	68	0.7±0.1	14±5	62	0.3±0.1	1±0	3	0.1±0	5±1	7	1.6±0.8	124±86	7	10.2±2.0	6±3	23	0.5±0.3
白茎盐生草 *Halogeton arachnoideus*	AF	2±1	67	0.7±0.1	2±1	20	0.2±0.1	3±1	11	3.2±3.0	19±12	66	2.4±1.0	22±10	76	1.7±1.0	21±10	64	3.5±3.0	10±3	33	6.8±2.0
小画眉草 *Eragrostis pilosa*	AG	1±0						5±0	2	5.5±0	5±2	20	0.1±0	28±5	6	1.3±0.6	32±10	20	2.9±1.0	13±5	17	3.6±1.0
猪毛菜 *Salsolacollina*	AF							2±1	15		2±1	37	0.7±0.3	3±2	11	2.4±1.3	4±2	23	3.3±2.3	5±2	6	1.6±0.5
虎尾草 *Chloris virgata*	AG	4±3	13	1.0±1.1				2±1			3±0	3	0.1±0	3±1	9	5.1±1.3	123±70	3	9.5±2.3	120±50	3	5.0±3.4
虫实 *Corispermummacrocarpum*	AF										1±0	3	0.2±0	5±4	7	0.4±0.3	16±10	10	5.1±3.4			
狗尾草 *Setaria viridis*	AG																2±1	10	0.3±0.1	2±1	10	0.5±0.3
黄蒿 *Artemisia scoparia*	AF																			3±2	20	20±10
霸王 骆驼蹄瓣 *Zygophyllum fabago*	PG													7±0	2	0.6±0	22±20	27	3.6±1.9			
密度(m⁻²)		164			12			62			130			161			392			249		
生物量(g·m²)		11.4			2.8			12.3			11.0			16.8			46			56.4		
物种		5			4			6			7			8			10			9		
盖度(%)		5.0±1.0			5.8±1.0			5.4±0.8			16.2±0.9			13.9±1.9			17.5±1.6			27.5±1.5		
优势种		沙米			雾冰藜			雾冰藜			雾冰藜			雾冰藜			雾冰藜			雾冰藜		

注:D为密度(株/m²);F为频度(%);B为草本生物量(g/m²);AF为一年生杂草;AG为一年生禾本草;PG为多年生禾本草。

2.1.3　梭梭人工固沙植被的演变

沙地植被退化是荒漠绿洲边缘环境退化的主要表现,稀少的植被,强烈的风沙活动,极不稳定的沙土基质,极度贫瘠的土壤养分状况,这些恶劣的自然条件决定了单纯地依靠自然恢复植被,固定流动沙丘是非常困难。在流动沙丘上建立大面积固沙植被后,植被的盖度快速增加,地面粗糙度增大,风沙活动减弱,一些外来植物种子会随着细小沙粒沉积在灌丛下被截获,这为草本植物的定居和发育提供了可能;在流动沙丘上,强烈的风沙活动、频繁的沙埋和风蚀导致只有少量的当地一年生先锋沙生植物生长,其他外来物种很难定居,而随着流动沙丘的固定,在灌丛下,土壤水分和肥力较高,空气温度降低,表层土壤水分较高,降低了环境对于植物生存的胁迫。因此,灌木的生长和发育可以为其他植物种创造一个相对温和的环境条件,促进入侵种的萌发和生长(Holmgren et al.,2001);同时,灌木的定植成功可以有效提高有机质的累积,增加微生物活性,促进土壤养分的有效性,为其他植物种的定居和长期生存提供物质和能源保障。实际上,沙地固沙植物群落的演变过程,也是植物对其生存环境土壤不断适应,以及在不同土壤肥力情况下相互竞争的过程。

本研究发现,在荒漠绿洲边缘建立梭梭人工固沙植被后 3 a 到 25 a,梭梭生长迅速,在 25 a以后梭梭个体高度达到最大值 446 cm,盖度达到 68%(表 2.1,图 2.3b)。但是,从 25 a 以后,梭梭开始衰退,35 a 的梭梭出现显著的退化特征,梭梭 0~200 cm 吸收根生物量出现了明显的下降,同时地上生物量也随着出现显著下降(图 2.4e、图 2.5e)。40 a 梭梭濒临死亡,保持一种假死的状态。一般而言,荒漠植物的根系生物量和其提取土壤水分的能力息息相关。有研究发现,人工固沙植被的种植会导致土壤水分随着种植年限的增加逐步减少,从而直接引起植物根系的衰退(Sperry et al.,2002)。除了水分的亏缺,梭梭生理抗旱性的减弱也是一个重要的原因。大量的研究发现,梭梭的根系系统需要大量的 Na^+ 或 K^+,这些离子作为渗透调节物质,可以保持根系较低的水势,减少干旱胁迫对于梭梭生长的不利影响(Kang et al.,2013)。但随着固沙年限的增加,土壤中大量的 Na^+ 和 K^+ 被梭梭根系吸收,并随着梭梭枯枝落叶而重新回归到沙土表层。沙土中抗旱离子的短缺直接影响到梭梭的生长。尤其是在干旱时期,失去了抗旱能力的梭梭,根系生物量出现了极大的减少。同时,伴随着植物根系生物量的下降,植物叶片的生物量也随之下降;由于叶片减少,植物的光合作用下降,结果导致 35 a 梭梭茎干和枝条生物量的下降(图 2.5e)。在 40 a,种植梭梭的密度和盖度分别下降到 187株/hm^2 和 28%(图 2.3e)。尽管种植梭梭出现衰退,但随着固沙年限的增加,更新的梭梭幼苗数量逐年增加,从而保证了梭梭种群数量的相对稳定,同时也保证了固沙植被群落的稳定。但在梭梭种植早期,梭梭密度大,由于竞争的关系很多幼苗无法在成年植株下完成定居,在本文中,我们发现梭梭更新数量和种植成年梭梭的数量呈负相关(图 2.7a)。有研究发现,梭梭,作为 C_4 植物,需要有大量的光照来保证生存和生长(Su et al.,2007)。种植梭梭密度下降为梭梭更新提供了空间,梭梭更新幼苗数量增加,在 40 a 后,更新梭梭密度和盖度可以分别达到 1750 株/hm^2 和 9%(图 2.3)。同时,我们也发现草本植物盖度的增加对于梭梭的更新也是有利的(图 2.7 b-c)。由于梭梭可以有效地自我更新,在 40 a 后梭梭种群密度保持在 1870 株/hm^2,盖度保持在 38%。人工固沙植被群落调查结果表明:在不同年限的梭梭群落中,灌木层没有其他灌木入侵,植物入侵主要发生在草本层,从时间序列上的变化动态来看,随着梭梭群落的发展,从表 2.2 可以看出,人工固沙植被群落从流动沙丘开始发育的过程是一个一年生草本,多年生草本植物陆续入侵、种类数量逐渐丰富的过程。在40 a后,由于有效地自我更新补员,梭梭种群密度和盖度保持相对稳定,灌木层依然主要以梭梭为优势种,其他灌木入侵极少。而草本植物的盖度、密度、物种多样性和生物量都随着固沙年限的增加而显著增加。

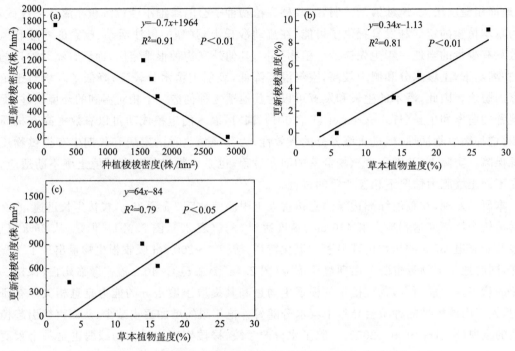

图 2.7　(a)种植梭梭密度和更新梭梭密度的关系,以及草本植物盖度和更新梭梭(b)盖度和(c)密度的关系

2.1.4　小结

随着梭梭人工固沙植被群落发育年限的增加,单一的梭梭人工植被群落在经过40 a的发展演变成为一个包括灌木层、灌木幼苗层、草本层的多层次较为稳定的灌草群落,草本层入侵植物主要以一年生草本植物为主,物种数量、盖度和密度都有显著增加。

2.2　雨养梭梭固沙植被区土壤变化

土壤是生态系统诸多生态过程的参与者和载体,土壤结构和养分含量对于植物的生长起到了重要的作用,直接影响植被群落的组成和结构,是生态系统恢复的主要指标之一。在河西荒漠绿洲边缘沙地,由于风沙活动植被遭受破坏,植被物种、密度、盖度出现下降,同时,强烈的风蚀导致大量的表层细颗粒物质流失,土壤养分缺失严重。在流动沙丘上种植梭梭是当地主要的固定沙丘的措施。流动沙丘固定过程,一方面恢复固沙植被,另一方面也是逐渐重塑土壤结构,增加土壤有机质,从而达到恢复土壤的目的。因此,土壤的恢复是固沙过程中主要的过程之一。本节以空间代替时间的方法,研究0~40 a的种植固沙植被过程中灌丛下和灌丛间表层0~10 cm和10~20 cm土壤恢复的过程和机理。

2.2.1　土壤调查和取样

根据当地土壤水分特征和梭梭根系的垂直分布情况,将 0～200 cm 土壤剖面分为 3 层:表层活跃层(10～50 cm),浅层亚活跃层(50～100 cm)和深层稳定层(100～200 cm)。用土钻在灌木样方内取 10 cm、50 cm、100 cm 和 200 cm 土样,每个样方 3 个土样,用烘干法计算土壤水分含量。在梭梭人工固沙植被群落调查灌木样方内,提取土壤样品。每个样方内随机取灌丛和灌丛间 0～10 cm 和 10～20 cm 土样,每个样方内随机取 3 个土样混合,带回实验室用于土壤理化性质分析,包括土壤机械组成、有机质、全氮、全磷、pH、电导率和八大离子等,具体测定方法见表 2.3。

表 2.3　土壤理化性质分析指标和方法

指标	测定方法	指标功能
	物理指标	
机械组成	湿筛加吸管法	土壤结构
	化学指标	
有机质	重铬酸钾氧化-外加热法	肥力基础,生物能源
全氮	凯式定氮法	植物氮素来源
全磷	高氯酸、硫酸消化,钼锑抗比色法	植物磷素来源
pH	1:1 土水比悬液 pH 计测定	土壤生物活性,养分有效性
电导率	1:5 土水比浸提液	可溶性养分离子水平
CO_3^{2-}	双指示剂中和法测定	
HCO_3^-	双指示剂中和法测定	
Cl^-	$AgNO_3$ 滴定法	
SO_4^{2-}	EDTA 间接滴定法	
Ca^{2+}	EDTA 络合滴定法	
Mg^{2+}	EDTA 络合滴定法	
K^+	差减法	
Na^+	差减法	

2.2.2　土壤物理性质变化

2.2.2.1　土壤水分变化

在流动沙丘种植梭梭后,经 40 a 的固定,不同深度土壤水分发生变化,显著变化主要表现为浅层(50 cm)土壤,其他土壤层水分变化不显著(图 2.8)。在土壤层 50 cm,流动沙丘土壤水分含量显著高于种植梭梭的固定沙地(图 2.8b)。土壤平均含水量从流动沙丘的 3.3% 下降到 40 a 的 1.5%(图 2.8b)。

2.2.2.2　土壤机械组成变化

流动沙丘在建立梭梭人工群落后,经 40 a 的固定,土壤物理性状逐渐得以改善,主要表现

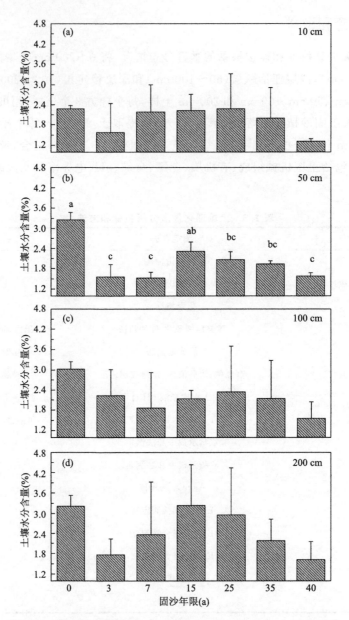

图 2.8　不同固沙年限 10 cm、50 cm、100 cm 和 200 cm 土壤水分

变化(%)(不同字母表示不同年限样地间差异显著,$P < 0.01$)

为浅层(0～20 cm)土壤黏粉粒随着固沙年限的增加,梭梭灌丛下和灌丛间的沙土中的黏粉含量都有显著的增加(图 2.9)。

在梭梭灌丛下,表层 0～10 cm 沙土中的黏粒(<0.002 mm)含量从 35 a 开始显著增加,从流动沙丘的 4％增加到 35 a 的 6％和 40 a 的 12％;灌丛下表层 0～10 cm 沙土中的粉粒(0.05～0.002 mm)含量从 25 a、35 a 和 40 a 显著增加,从流动沙丘的 4％分别增加到 6％、7％和 12％;灌丛下表层 0～10 cm 沙土中的细沙粒(0.1～0.05 mm)在固沙 40 a 以后从流动沙丘的 20％ 增加到 29％;而粗沙粒(0.25～0.1,0.5～0.25,1～0.5,2～1 mm)都出现了明显的下降趋势(图 2.9a)。在梭梭灌丛下,10～20 cm 沙土中的黏粒(<0.002 mm)含量在 40 a 显著

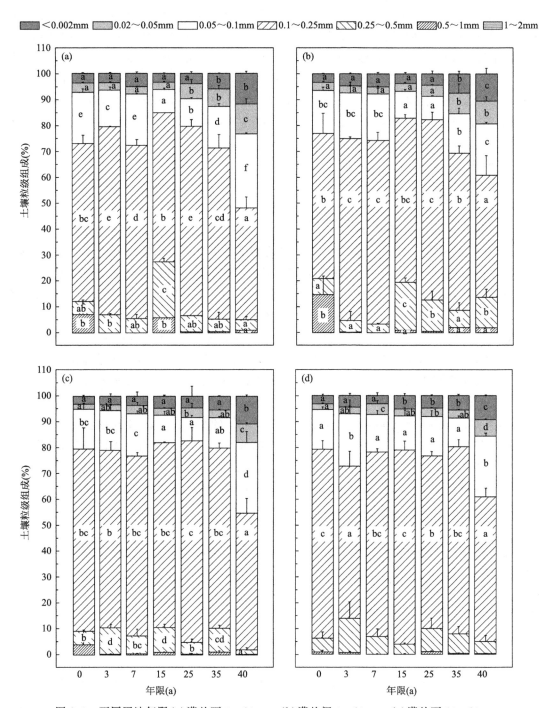

图 2.9　不同固沙年限(a)灌丛下 0～10 cm,(b)灌丛间 0～10 cm,(c)灌丛下 10～20 cm,
(d)灌丛间 10～20 cm 沙土粒级分布(%)(不同字母表示同一粒度不同样地间差异显著,$P < 0.05$)

增加,从流动沙丘的 3% 增加到 40 a 的 11%;灌丛下 10～20 cm 沙土中的粉粒(0.05～
0.002 mm)含量显著增加;细沙粒(0.1～0.05 mm)也显著增加;而粗沙粒(0.25～0.1、0.5～
0.25、1～0.5、2～1 mm)都出现了明显的下降趋势(图 2.9c)。但 10～20 cm 黏粉粒含量增加
要小于 0～10 cm 含量。

除了梭梭灌丛下，梭梭灌丛间的沙土也出现了明显的变化。灌丛间表层 0～10 cm 沙土中的黏粒（<0.002 mm）含量从 35 a 开始显著增加，从流动沙丘的 3% 增加到 35 a 的 7% 和 40 a 的 10%；灌丛间表层 0～10 cm 沙土中的粉粒（0.05～0.002 mm）含量从 35 a 和 40 a 显著增加，从流动沙丘的 3% 分别增加到 8% 和 9%；细沙粒（0.1～0.05 mm）也增加明显；而粗沙粒（0.25～0.1、0.5～0.25、1～0.5、2～1 mm）都出现了明显的下降趋势（图 2.9b）。在梭梭灌丛间，10～20 cm 沙土中的黏粒（<0.002 mm）、粉粒（0.05～0.002 mm）和细沙粒（0.1～0.05 mm）含量显著增加；而粗沙粒（0.25～0.1、0.5～0.25、1～0.5、2～1 mm）都出现了明显的下降趋势（图 2.9d）。

2.2.3　土壤化学性质变化

土壤有机质含量是土壤养分的重要表征指标之一。从固沙植被梭梭种植以后，灌丛下 0～10 cm 有机质含量从 25 a 后显著增加，从流动沙丘的 1.6 g/kg，增加到 25 a 的 6.0 g/kg，35 a 的 8.7 g/kg 和 40 a 的 10.0 g/kg；而对于灌丛间 0～10 cm，有机质含量从 35 a 显著增加，有机质含量达到 5.1 g/kg，40 a 后达到 7.3 g/kg；但随着固沙年限的增加，灌丛富集率却没有显著的变化，富集率保持在 1.5～2.0。而对于 10～20 cm，灌丛下土壤有机质在 40 a 后显著增加，从最初流动沙丘的 1.1 g/kg 增加到 3.7 g/kg；而在灌丛间，土壤有机质没有表现出显著的差异性；不同于 0～10 cm，10～20 cm 有机质富集率存在显著差异，随着固沙年限的增加，富集率增加。对于不同土壤层，0～10 cm 有机质含量明显高于 10～20 cm（表 2.4）。

从固沙植被梭梭种植以后，灌丛下 0～10 cm 全氮含量从 25 a 后显著增加，从流动沙丘的 0.2 g/kg，增加 25 a 的 0.5 g/kg，35 a 的 0.7 g/kg 和 40 a 的 0.9 g/kg；而对于灌丛间 0～10 cm，全氮含量没有显著的变化；但随着固沙年限的增加，灌丛富集率却没有显著的变化，富集率在 1.8～2.4。灌丛下 10～20 cm，土壤全氮含量在 40 a 后显著增加，从最初流动沙丘的 0.1 g/kg 增加到 0.4 g/kg；而在灌丛间 10～20 cm，土壤全氮含量没有表现出显著的差异性；深层 10～20 cm 灌丛富集率并没有随固沙年限的增加而显著变化，富集率在 1.2～2.1 之间（表 2.4）。

灌丛下 0～10 cm 全磷含量从 25 a 后显著增加，从流动沙丘的 0.5 g/kg，增加 25 a 的 0.6 g/kg，35 a 的 0.7 g/kg 和 40 a 的 0.8 g/kg；在灌丛间 0～10 cm，全磷含量从 35 a 显著增加，有机质含量达到 0.7 g/kg，40 a 后达到 0.8 g/kg；但随着固沙年限的增加，灌丛富集率却没有显著的变化。灌丛下和灌丛间的 10～20 cm，土壤全磷含量都是在 40 a 后显著增加，从最初流动沙丘的 0.5 g/kg 分别增加到 0.7 g/kg 和 0.6 g/kg；而灌丛富集率并没有随固沙年限的增加而显著变化，富集率在 1.0～1.2 之间（表 2.4）。

在流动沙丘，灌丛下 0～10 cm pH 值为 7.8，在 7 a、15 a 和 35 a 时 pH 值显著增加，分别为 8.9、8.8 和 8.7；在灌丛间 0～10 cm，pH 值没有随固沙年限增加有显著增加；灌丛下 pH 值要高于灌丛间。在 10～20 cm，灌丛下和灌丛间 pH 值随着固沙年限的增加没有显著变化（表 2.4）。

经过固沙 40 a，梭梭灌丛下 0～10 cm 土壤电导率从流动沙丘上的 181 μS/cm 增加到 2520 μS/cm；与灌丛下不同，灌丛间 0～10 cm 土壤电导率并没有表现出显著的差异；在 0～10 cm 灌丛下土壤电导率要高于灌丛间。对于灌丛下和灌丛间 10～20 cm 土壤电导率，显著变化也是发生在 40 a 后，分别从流动沙丘 168 μS/cm 和 136 μS/cm 增加到 1717 μS/cm 和 802 μS/cm（表 2.4）。

表 2.4　不同固沙年限灌丛下和灌丛间 0～10 cm 和 10～20 cm 土壤有机质、全氮、全磷、pH 值和电导率的变化

土壤性状	土层及取样地点 (cm)	种植年限 (a)							ANOVA (Duncan)
		0	3	7	15	25	35	40	
有机质 SOM (g/kg)	0～10 cmB	1.6±0.3^a	2.1±0.5^a	3.4±1.5^a	3.2±1.0^a	6.0±3.0^{ab}	8.7±3.8^b	10.0±4.6^b	0.008**
	0～10 cmA	1.6±0.4^a	1.3±0.1^a	1.9±0.7^a	2.3±0.9^a	2.7±0.9^a	5.1±3.3^b	7.3±4.1^b	0.026*
	E(0～10 cm)=B/A	1.0±0.1	1.7±0.3	1.7±0.3	1.5±0.2	2.1±0.5	2.1±0.9	1.5±0.3	0.101
	10～20 cmB	1.1±0.1^a	1.2±0.1^a	1.2±0.2^a	1.1±0.1^a	1.3±0.2^a	2.1±0.7^a	3.7±1.2^b	0.000***
	10～20 cmA	1.1±0.1	1.2±0.2	1.0±0.1	1.1±0.2	1.4±0.4	1.2±0.3	1.5±0.5	0.313
	E(10～20 cm)=B/A	1.0±0.1^a	1.0±0.2^{ab}	1.7±0.2^{ab}	1.5±0.1^{ab}	2.1±0.6^b	2.1±0.2^b	1.5±0.2^c	0.000***
全氮 TN (g/kg)	0～10 cmB	0.2±0.1^a	0.3±0.1^a	0.5±0.2^{ab}	0.4±0.1^a	0.5±0.2^{ab}	0.7±0.3^{bc}	0.9±0.3^c	0.007**
	0～10 cmA	0.2±0.1	0.1±0.1	0.2±0.1	0.2±0.1	0.2±0.1	0.5±0.3	0.6±0.2	0.056
	E(0～10 cm)=B/A	1.0±0.1	1.9±0.7	2.4±0.6	1.9±0.4	2.1±0.2	1.8±0.5	2.1±1.5	0.371
	10～20 cmB	0.1±0.0	0.2±0.1^a	0.2±0.1^a	0.1±0.1^a	0.2±0.1^a	0.2±0.1^a	0.4±0.2^b	0.006**
	10～20 cmA	0.1±0.0	0.2±0.0	0.2±0.1	0.1±0.0	0.2±0.0	0.2±0.1	0.4±0.1	0.071
	E(10～20 cm)=B/A	1.0±0.0^a	1.0±0.4^a	1.2±0.6^{bc}	1.3±0.4^{ab}	1.4±0.5^{ab}	1.9±0.3^{ab}	2.1±0.4^c	0.017*
全磷 TP (g/kg)	0～10 cmB	0.5±0.0^a	0.5±0.0^a	0.5±0.0^a	0.5±0.0^{ab}	0.6±0.1^c	0.7±0.1^c	0.8±0.1^d	0.000***
	0～10 cmA	0.5±0.0^a	0.5±0.0^{ab}	0.5±0.0^a	0.5±0.0^{ab}	0.6±0.1^a	0.7±0.1^b	0.8±0.1^c	0.000***
	E(0～10 cm)=B/A	1.0±0.0^a	1.0±0.1^a	1.0±0.1^a	1.0±0.0^{ab}	1.1±0.1^c	1.0±0.0^a	1.1±0.1^{bc}	0.003**
	10～20 cmB	0.5±0.0^a	0.5±0.0^b	0.5±0.0^{ab}	0.5±0.0^b	0.6±0.0^b	0.5±0.1^{ab}	0.7±0.1^b	0.000***
	10～20 cmA	0.5±0.0^a	0.5±0.1^a	0.5±0.0^a	0.5±0.0^{ab}	0.6±0.1^b	0.5±0.1^{ab}	0.6±0.0^c	0.001**
	E(10～20 cm)=B/A	1.0±0.1^a	1.0±0.0^a	1.1±0.1^a	1.0±0.1^a	1.2±0.1^a	1.2±0.1^c	1.2±0.1^b	0.000***
酸碱度 pH	0～10 cmB	7.8±0.1^a	8.5±0.4^{bc}	8.9±0.7^c	8.8±0.3^c	7.9±0.6^{ab}	8.7±0.1^c	8.5±0.3^{abc}	0.025*

续表

土壤性状	土层及取样地点 (cm)	种植年限(a)							ANOVA (Duncan)
		0	3	7	15	25	35	40	
	0~10 cmA	7.6±0.1^{bc}	7.3±0.1^{a}	7.7±0.1^{c}	7.4±0.1^{ab}	7.5±0.2^{abc}	7.6±0.2^{abc}	7.6±0.1^{bc}	0.050
	E(0~10 cm)＝B/A	1.0±0.0^{a}	1.1±0.0^{bc}	1.1±0.1^{bc}	1.2±0.0^{c}	1.1±0.0^{ab}	1.1±0.1^{bc}	1.1±0.0^{bc}	0.016*
	10~20 cmB	8.1±0.6	7.5±1.0	8.3±0.9	8.1±0.4	8.1±0.1	8.5±0.6	8.2±0.2	0.640
	10~20 cmA	8.1±0.6	7.8±0.2	8.2±0.2	7.8±0.1	7.8±0.2	7.8±0.3	7.7±0.4	0.084
	E(10~20 cm)＝B/A	1.0±0.1	1.0±0.2	1.0±0.1	1.1±0.1	1.0±0.0	1.1±0.1	1.0±0.1	0.664
	0~10 cmB	181±31^{a}	666±237^{ab}	948±296^{b}	560±131^{ab}	802±141^{b}	673±20^{b}	2520±485^{bc}	0.000***
	0~10 cmA	167±39^{a}	200±16^{ab}	372±107^{c}	229±42^{ab}	215±1^{ab}	314±111^{bc}	326±87^{bc}	0.025*
电导率 EC (μS/cm)	E(0~10 cm)＝B/A	1.1±0.1^{a}	3.4±1.4^{a}	2.5±0.1^{a}	2.4±0.1^{a}	3.7±0.7^{a}	2.3±1.0^{a}	8.6±4.5^{b}	0.005**
	10~20 cmB	168±21^{a}	350±150^{a}	623±236^{a}	277±88^{a}	536±277^{a}	589±123^{a}	1717±475^{b}	0.000***
	10~20 cmA	136±11^{a}	309±109^{a}	288±32^{a}	179±25^{a}	241±49^{a}	301±139^{a}	802±487^{b}	0.019*
	E(10~20 cm)＝B/A	1.2±0.1	1.3±0.9	2.2±1.0	1.5±0.3	2.5±1.8	2.1±0.8	3.5±3.7	0.642

注：B代表取样地点位于灌丛以下，A代表取样地点位于灌丛之间空地，E代表富集率(E＝B/A)表示，数据用 Means(±1SD)表示，a，b，c表示不同固沙年限样地同一变量间差异显著(*代表 P＜0.05；**代表 P＜0.01；***代表 P＜0.001,单因素方差分析(Duncan tests))。

在灌丛下 0～10 cm,离子 SO_4^{2-}、Cl^-、HCO_3^-、Ca^{2+}、Mg^{2+}、K^+、Na^+ 随着固沙年限的增加都有明显的增加,在固沙 40 a 后,这些离子含量比流动沙丘上的分别增加了 43、3、3、3、7、25和 20 倍。而在灌丛间 0～10 cm,离子 SO_4^{2-}、Cl^-、Ca^{2+} 并没有随着固沙年限的增加而出现明显的增加,而离子 Cl^-、HCO_3^-、Mg^{2+}、K^+、Na^+ 有显著的增加,在固沙 40 a 后,这些离子含量比流动沙丘上的分别增加了 1、1、8、46 和 13 倍(图 2.10)。

在灌丛下 10～20 cm,离子 SO_4^{2-}、Cl^-、Ca^{2+}、K^+、Na^+ 随着固沙年限的增加都有明显的增加,在固沙 40 a 后,这些离子含量比流动沙丘上的分别增加了 24、2、4、262 和 15 倍。而在灌丛间 10～20 cm,只有离子 Na^+ 随着固沙年限的增加而出现明显的增加,而其他离子都没有出现显著的增加,在固沙 40 a 后,Na^+ 含量比流动沙丘上的增加了 15 倍(图 2.10)。

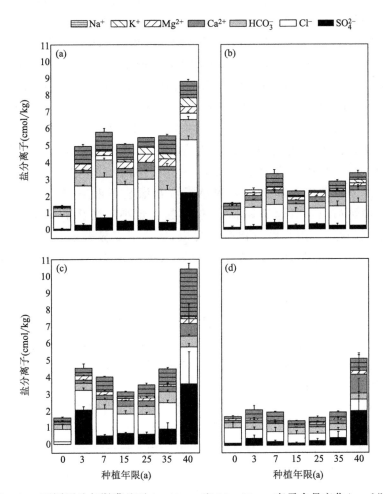

图 2.10　不同固沙年限灌丛下 0～10 cm 和 10～20 cm 离子含量变化(cmol/kg)

2.2.4　人工固沙植被种植对土壤理化性质的影响

大量的研究发现,在干旱、半干旱地区通过人工固沙植被的种植,风沙活动可以得到有效控制,同时沙土的理化性质也会得到极大的改善(吴正,1991)。梭梭由于对干旱、风沙活动强烈的恶劣环境形成了很好的适应性,作为流动沙丘植被重建的主要建群种,在过渡带沙漠化逆转过程中发挥着重要的作用。本研究结果表明,在年降水量 120 mm 河西走廊荒漠绿洲边缘,在流动沙丘种植梭梭,土壤的理化性质会随着种植年限增加而得到显著改善。

土壤的粒级分布特征可以用来表征土壤受到风沙活动影响的强烈与否。一般而言,对于流动沙丘,由于强烈的风沙活动,土壤理化性质演变最初的变化是细颗粒物质被风蚀移出土壤生态系统,沙丘土壤会呈现出高度的粗粒化特征,土壤容重增加,持水性下降,养分含量也随着风蚀活动中细小颗粒的流失而下降。因此,土壤粒度分布的变化是风沙区土壤属性变化的一个重要指标。固沙植被建立以后,大量的细小颗粒在沙土表面沉降。据报道,在中国西北荒漠地区每年细小颗粒沉积的厚度约为 0.8～2.0 mm,并且随着固沙年限的增加,沙土中细小颗粒的比例逐年增加,从而改变了沙土基质的物质组成(Cao et al.,2008;Dong et al.,2009)。由于沉降的细颗粒物质极大地改变了土壤机械组成,流动的粗沙颗粒不再是主要的土壤基质。在科尔沁沙地随着固沙植被小叶锦鸡儿的建立,土壤中黏粉粒含量增加了近 14 倍(Zhao et al.,2011)。在腾格里沙漠沙土中黏粉粒含量增加 8.8 倍(Li et al.,2002;Li et al.,2007b)。本研究结果发现,在梭梭灌丛下,0～10 cm 沙土中的黏粒(＜0.002 mm)、粉粒(0.05～0.002 mm)和细沙粒(0.1～0.05 mm)含量显著,固沙植被梭梭种植 40 a 后黏粒(＜0.002 mm)和粉粒(0.05～0.002 mm)相比于流动沙丘增加 2 倍,而粗沙粒(0.25～0.1,0.5～0.25,1～0.5,2～1 mm)都出现了明显的下降趋势(图 2.9a)。在灌丛下 10～20 cm,黏粒(＜0.002 mm)和粉粒(0.05～0.002 mm)含量显著增加。这主要是因为随着梭梭的建立和植株个体生长,固沙植被高度和盖度增加,风沙活动逐渐减弱,风沙流中的细小颗粒物质在灌丛下沉积,同时,随着植物叶片的凋落以及灌丛雨和灌丛径流在灌丛下聚集(Wezel et al.,2000)。而对于灌丛间,土壤黏粉粒含量也显著增加,但黏粉含量小于灌丛下。同时,伴随着流动沙丘的固定,风沙流的控制,细小颗粒物质的沉积,这些因素显著地贡献于表层土壤黏粉粒和细小沙粒含量的增加,进而促进流动沙丘表面结皮的形成,为漫长的成土过程提供基质。

有机质、氮、磷是土壤肥力和养分含量提高的主要指标。梭梭的大面积种植对土壤肥力的改善起到了积极的作用。在本研究中发现,灌丛下和灌丛间 0～20 cm 有机质、全氮和全磷增加显著。固沙植被梭梭种植后,改善土壤养分的主要机理包括以下几个方面。有研究发现,在沙地中,62% 的有机碳和 69% 的氮存在于不到 10% 的黏粒中,只有 30%～40% 的有机碳和氮存在于占 80% 以上的土壤沙粒中,而且由于沙粒为不稳定颗粒,沙质土壤碳氮对风沙活动极度敏感(苏永中 等,2004b)。随着风沙活动的增强,沙土中的黏粉粒等细粒物质流失,导致有机质、氮、磷等养分含量呈现下降趋势。固沙植被建立恢复土壤理化性质过程呈现相反的趋势。本研究发现,固沙植被盖度增加导致富含营养的细砂粒物质增加,土壤细粒化与粗沙粒相比,黏粉粒种所含的有机质、全氮和全磷等土壤养分含量极高,因此黏粉粒的增加是土壤养分含量增加的一个重要原因。和科尔沁沙地和腾格里沙地相比,本节研究中土壤养分恢复较慢。沙土中较少的土壤黏粉粒含量是导致本研究中土壤养分相对较低的一个原因(Drees et al.,1993)。虽然土壤黏粉粒含量对土壤有机质、全氮和全磷影响显著,但对于土壤电导率影响不显著(图 2.11)。

土壤养分条件的改善主要是得益于固沙植被的建立和植被盖度的增加。固沙植被盖度增加,一方面避免了地表沙土的风蚀,使地表原有的大量细颗粒物质得以保持,保证了沙土基质的稳定。另一方面固沙植被每年有大量的枯枝落叶进入土壤,凋落物的积累使地表覆盖度增

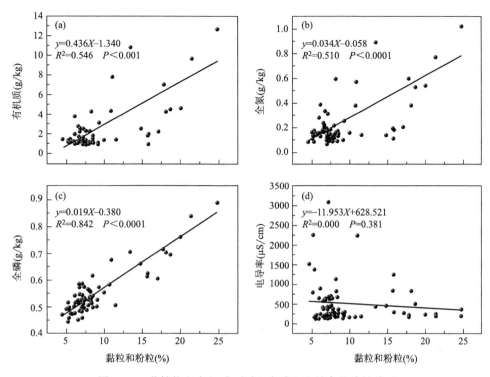

图 2.11　黏粉粒和有机质、全氮、全磷和电导率的线性关系

加,也为土壤养分条件的改善提供了条件。特别是大量一年生草本植物的入侵为土壤养分的增加提供了物质基础。相比于多年生植物,由于一年生草本植物从种子发芽、生长、开花、结实至枯萎死亡,只需要短短不到 1 a 时间,草本植物快速生长和死亡使得土壤中的养分循环速率增加。一年生草本植物通过光合作用可以固定有机碳,再通过叶片凋落的方式逐步将养分归还于土壤,为土壤提供了大量的有机物质,保证了土壤有机质、全氮、全磷等养分条件的改善。本研究发现,草本植物的生物量对于灌丛下和灌丛间 0～10 cm 的土壤有机质、全氮和全磷都有积极的贡献作用,随着草本植物生物量的增加,土壤有机质、全氮、全磷都会有极大的增加,但对于深层土壤 10～20 cm 而言,草本生物量对于土壤养分的改善贡献有限(图 2.12—图 2.14)。

除了草本植物生物量对于土壤养分的影响,草本盖度也是影响土壤养分的一个重要因素。相比于灌木,草本植物个体矮小,它们往往是以成片、成簇的形式存在于沙土地表,这极大地增加了近地表植被盖度,对于表层土壤形成了有效的保护。本节研究发现,草本盖度的增加可以显著增加灌丛下和灌丛间土壤有机质、全氮和全磷含量,随着草本植物盖度的增加,灌木下和灌丛间土壤有机质、全氮、全磷都会有显著的增加(图 2.15—图 2.17)。

在梭梭灌丛下,0～10 cm 土壤 pH 值随着固沙植被年限的增加而显著增加,但对于 10～20 cm 增加趋势不明显。而在灌丛间,土壤 pH 值变化不显著。在灌丛下 0～10 cm,K^+ 和 Na^+ 随着固沙年限的增加都有非常明显的增加,分别增加了 25 和 20 倍。已有研究发现,梭梭根系可以从深层土壤中吸收 Na^+ 或 K^+,从而降低梭梭根系的水势,这种生理机制有利于其在极端干旱的条件下从土壤中吸收较低的土壤含水量(Kang et al.,2013)。梭梭枯枝落叶将大量的碱性阳离子 Na^+ 和 K^+ 回归于沙土之中,直接导致沙土 pH 值升高。除了 Na^+ 和 K^+ 增

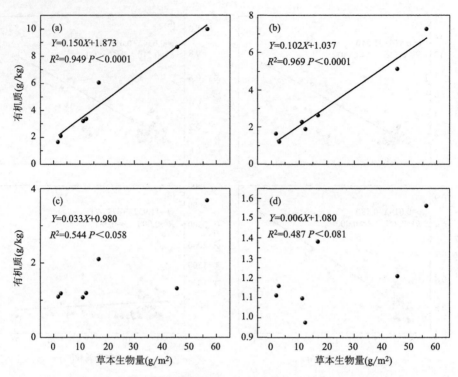

图 2.12　草本生物量和灌丛下 0～10 cm(a)和 10～20 cm(c)和
灌丛间 0～10 cm(b)和 10～20 cm(d)有机质的线性关系

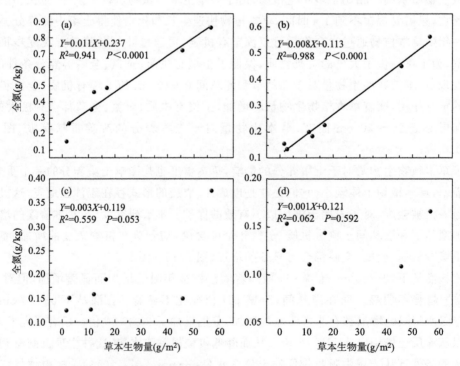

图 2.13　草本生物量和灌丛下 0～10 cm(a)和 10～20 cm(c)和
灌丛间 0～10 cm(b)和 10～20 cm(d)全氮的线性关系

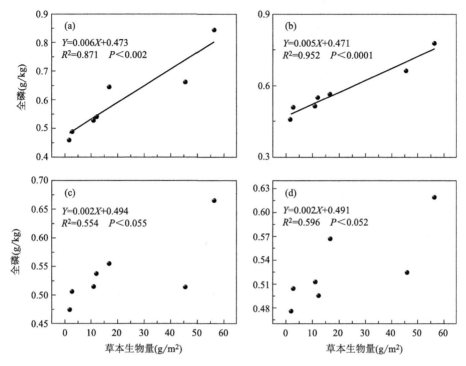

图 2.14　草本生物量和灌丛下 0～10 cm(a)和 10～20 cm(c)和
灌丛间 0～10 cm(b)和 10～20 cm(d)全磷的线性关系

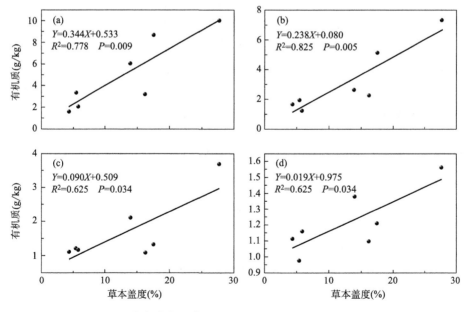

图 2.15　草本盖度和灌丛下 0～10 cm(a)和 10～20 cm(c)和
灌丛间 0～10 cm(b)和 10～20 cm(d)有机质的线性关系

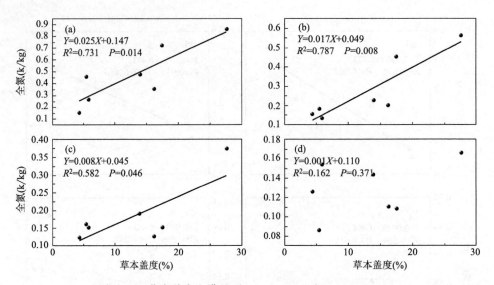

图 2.16　草本盖度和灌丛下 0～10 cm(a)和 10～20 cm(c)
和灌丛间 0～10 cm(b)和 10～20 cm(d)全氮的线性关系

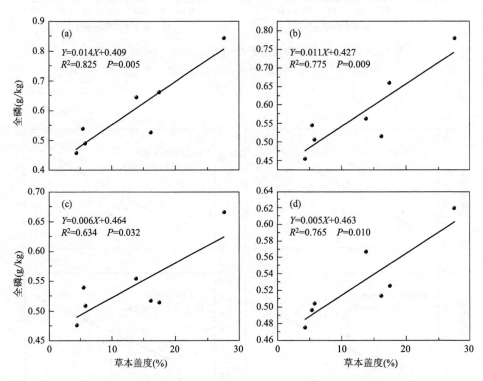

图 2.17　草本盖度和灌丛下 0～10 cm(a)和 10～20 cm(c)和
灌丛间 0～10 cm(b)和 10～20 cm(d)全磷的线性关系

加,Ca^{2+} 和 SO_4^{2-} 的增加,使沙土地表有大量的 $CaSO_4$ 存在,形成一层盐壳,从而影响到降雨对于表层土壤的入渗,导致 0～50 cm 土壤层土壤水分得不到降雨的有效补给,从而随着固沙年限的增加而有较为明显的下降(图 2.8)。浅层土壤水分的下降导致 0～20 cm 梭梭吸收

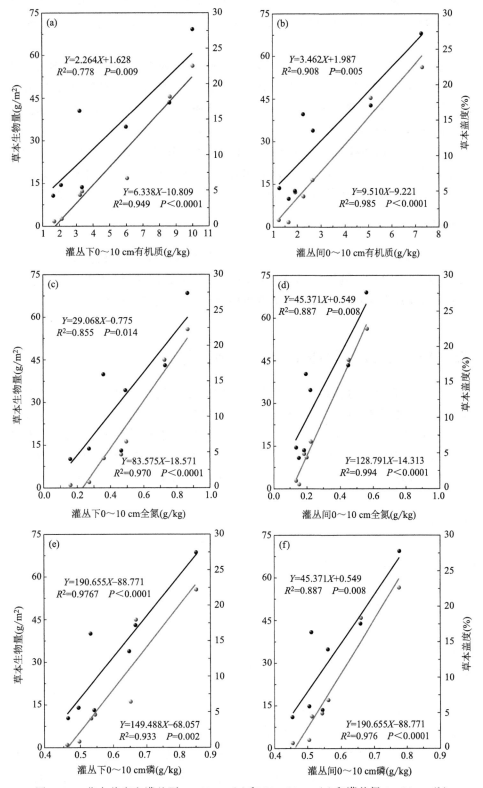

图 2.18　草本盖度和灌丛下 0～10 cm(a)和 10～20 cm(c)和灌丛间 0～10 cm(b)
和 10～20 cm(d)全磷的线性关系

根系没有可供吸收的水分资源出现衰退,使得原本根系分泌的有机酸减少,加上衰退的根系中也含有大量 K^+ 和 Na^+,从而导致灌丛下表层 $0\sim10$ cm 土壤碱性进一步增强,沙土 pH 上升。

作为土壤理化性质的关键影响因子,土壤有机质、全氮和全磷含量是土壤养分的主要表现因素,同时也是土壤肥力增加的重要表现(Brooks,2003)。尽管土壤养分增加速率较慢,但是对于植物入侵和定居,却发挥着重要的作用。在本项研究中,不论是在灌丛下还是在灌丛间,表层土壤有机质、全氮和全磷的增加对于草本植物的生物量和盖度增加都有积极的作用(图 2.18 a—f)。草本植物和土壤养分含量这种互惠的作用为土壤的发育和植物的入侵和生长有积极的作用。但从本项研究结果可以看出,固沙植被对于土壤的改良只是限于表层土壤,对于 $10\sim20$ cm 土壤理化性质的改良极为有限。

2.2.5 小结

经过 40 a 固沙植被的建立对表层土壤的保持和发育起到了积极的作用,细沙粒大量积累,为沙土向地带性土壤发展提供了基质,土壤有机质、全氮、全磷和电导率都有显著增加,但土壤理化性质的改善主要发生在灌丛下土壤表层 $0\sim10$ cm,更深层的土壤改善还需要很长的时间。

2.3 天然植被封育对固沙植被和土壤的影响

近 50 年来由于人口压力和经济利益驱动,我国绿洲面积快速增加,对绿洲边缘的天然草地和灌木地进行过度开垦或放牧导致绿洲边缘沙化严重,据统计西北地区每年沙漠化土地面积可以达 3400 km²(王涛,2001)。而沙漠化引起的土地退化和生态环境恶化,引发了当地一系列的社会—经济问题。防治沙漠化成为实现地区经济和生态可持续发展的关键。封育作为最为经济的植被恢复和重建措施,在我国干旱和半干旱沙漠化地区植被恢复中发挥重要的作用。

目前很多研究发现,封育措施直接禁止人为活动或减弱牲畜对沙地生态系统植被和土壤的干扰,可以使天然植被在自身的弹性范围内得以恢复;同时,可以使植物群落生产力显著改善,增加物种多样性并促进沙地生态系统恢复(赵哈林 等,2004a;Li et al.,2004b;张继义 等,2004;蒋德明 等,2008b;李玉霖 等,2008)。除了植被恢复,土壤状况的改善也是封育措施逆转沙漠化能否成功的关键。一般而言,当人为干扰消除时,土壤便会得到恢复,但土壤演变过程是一个非常重要而缓慢的过程,尤其是对于干旱荒漠生态系统(赵哈林 等,2006)。作为植物根系吸收养分和固着的基质,土壤对植被群落结构、动态、演替和固沙功能有极大的影响,因此土壤理化性质演变成为衡量沙化生态系统恢复的关键指标之一(常学向 等,2003)。目前,沙漠化逆转过程中土壤特征变化的研究主要集中在三个方面:土壤物理性质,例如土壤机械组成、容重、土壤温度、湿度等(赵文智,2002;吕贻忠 等,2006;李玉强 等,2006;李禄军 等,2007;靳虎甲 等,2008);土壤化学性质,例如土壤有机质、氮、磷、电导率和 pH 等(陈祝春,1991;董锡文 等,2010);土壤生物指标,例如土壤呼吸强度、土壤酶活性、土壤微生物和动物活动等(Duan et al.,2004;李玉强 等,2008)。对于土壤物理性质而言,大量研究发现沙漠化逆转过程中土壤质地向着细粒化方向发展(苏永中 等,2004a;Li et al.,2007a)。例如,苏永中等(2004a)在科尔沁沙地研究发现,沙漠化逆转过程植被土壤黏粉粒含量逐年增加,但短期恢复仅仅发生在土壤表层;齐雁冰等(2007)在青海沙株玉地区发现,植被的盖度增加可以使沙面保持稳定,土壤颗粒分形维数逐渐提高。同时,也有研究发现土壤结构、土层特性、有效水分保持能力等土壤性质也会在沙化逆转过程中得到改善(赵哈林 等,2004a),使贫瘠的沙地中的养分含量(有机质、全氮、有效磷等)逐渐增加(吴彦 等,2001)。虽然天然植被封育对沙化土壤和植被的影响开展了大量的研究,但目前多数研究集中对封育的有益效应进行报告,但对于封育的负面效应报告较少。尤其是在年降水量只有 100 mm 左右的干旱荒漠生态系统,封育措施会对土壤和植被产生怎样的影响,仍然是需要关注的科学问题。

河西走廊是我国西北主要的粮食生产基地,人工和天然绿洲分布在荒漠之中,依赖黑河、疏勒河和石羊河等河流水进行农业灌溉,同时也属于生态环境脆弱地区,对人为活动和气候变化的反应极其敏感,尤其是近 50 a 来随着人口快速增长,放牧和开垦绿洲边缘土地成为当地农民增加农业收入的重要方式,因此在荒漠和绿洲过渡区域开展封育和人工林种植成为当地主要的防风固沙措施。由于人工种植梭梭(Haloxylon ammodendron)可靠快速增加植被盖度,并且固沙效应显著,所以大量研究对梭梭人工林种植对于土壤和植被的影响开展了研究。而作为最为经济的植被恢复措施,该地区绿洲边缘沙地在封育管理措施下植被和土壤的状况报道还较少。本节选择典型河西走廊荒漠绿洲过渡带,分析封育(禁止垦荒和放牧)自然恢复过程土壤理化和植被群落变化特征,以期为我国干旱地区荒漠绿洲过渡带植被恢复提供可靠数据支持和科学依据。

2.3.1　研究方法

2.3.1.1　植被调查和土壤取样与分析

(1)样地设置和植被调查

采用巢式取样法,以流动沙丘作为对照(0 a),5 a 和 15 a 每个封育年限随机选择 3 个不同样地(200 m×200 m),样地之间距离大于 200 m,同时每个样地选择 3 个灌木调查样方(20 m×20 m),样方间距离大于 20 m,每个灌木样方内随机布设 5 个草本植物样方(1 m×1 m),具体样地特征(表 2.5)。由于封育之前都为流动沙丘,因此地形、沙土和植被类型基本一致。在每个样方内,测定灌木植株高度、冠幅和基茎,通过冠幅和密度计算梭梭的盖度,同时记录样方内灌木植物的种类。而针对草本植物,我们按照植物物种对其地上生物量取样称重,并将取回的样品放入定温 80 ℃的烘干箱烘干 48 h。草本的密度和盖度分别通过样方调查来完成。

表 2.5　研究区样地的地形和特征

时间 (a)	土壤采样点	坐标 N	坐标 E	海拔 (m)	坡度	优势种组成
0	1	39°22′16.38″	101°9′35.28″	1382	2°~5°	沙拐枣+雾冰藜 C. mongolicunl+B. dasyphylla
	2	39°24′9.06″	100°7′31.68″	1381	2°~5°	
	3	39°27′6.9″	102°8′31.02″	1378	5°~8°	
5	4	39°24′40.56″	101°9′8.1″	1379	0°~8°	沙拐枣+雾冰藜+沙米 C. mongolicunl+B. dasyphylla+ A. squarrosum
	5	38°29′12.24″	100°9′24.06″	1378	5°~8°	
	6	39°31′12.9″	101°9′19.2″	1384	2°~5°	

时间 (a)	土壤采样点	坐标		海拔 (m)	坡度	优势种组成
		N	E			
15	7	39°22′10.14″	100°9′22.26″	1369	0°~5°	泡泡刺+沙拐枣+雾冰藜+沙米 *N. sphaerocarpa* + *C. mongolicunl* + *B. dasyphylla* + *A. squarrosum*
	8	39°27′5.82″	100°11′32.52″	1378	3°~5°	
	9	39°35′37.86″	100°12′30.84″	1369	5°~8°	

（2）土壤取样和分析

选择每个不同类型样地内随机选取 3 个样点，去除枯枝落叶层后分 0~10 cm 和 10~20 cm 两个层次取样。取样地点为灌丛下和灌丛间，封育土壤灌丛下取样为优势种植物下，间地为平坦沙地。每一个样点由 5 个随机分布样混合而成。混合后装入土壤取样袋内，土壤样品带到实验室进行分析。经过自然风干后过筛（2 mm），一部分用于土壤粒度分析，一部分进行土壤化学性质分析。土壤物理和化学性质均采用常规方法。土壤粒度分析用湿筛加比重计法；pH 值以 1∶1 土水比悬液，电导率以 1∶5 土水比浸提液，用德国产 Multiline F/SET-3 分析仪直接测定；土壤有机质用重铬酸钾氧化-外加热法测定；土壤全氮用凯式法测定。

2.3.1.2 数据处理

实验数据分析采用 SPSS 软件完成，所有图均利用 orgin8 软件完成。采用 SPSS16 软件进行数据分析，通过 One-Way ANOVA 在 95% 的置信水平上，用 Duncan 显著性检验方法比较不同封育年限植被和土壤的差异性。

2.3.2 植被和土壤特征变化

2.3.2.1 土壤理化性质变化

土壤质地随着封育年限增加灌丛下土壤颗粒表现出细粒化的趋势，0~10 cm 和 10~20 cm 土壤中的黏粒（<0.002 mm）和粉粒（0.05~0.002 mm）含量都显著增加：其中在表层 0~10 cm 黏粒从 4% 增加到 9%，粉粒从 4% 增加到 7%；10~20 cm 黏粒从 3% 增加到 6%，粉粒从 2% 增加到 4%。而灌丛间的土壤黏粉颗粒没有出现显著的变化（表 2.6）。

随着封育年限增加，灌丛下土壤肥力增加明显：表层 0~10 cm 土壤有机质含量从 1.8 g/kg 增加 5.8 g/kg，10~20 cm，土壤有机质 1.3 g/kg 增加到 2.6 g/kg；灌丛下 0~10 cm 全氮含量从 0.2 g/kg 增加到 0.6 g/kg，10~20 cm 从 0.1 g/kg 增加到 0.3 g/kg；灌丛下 0~10 cm 全磷含量从 0.5 g/kg 增加到 0.8 g/kg，10~20 cm 全磷含量从 0.5 g/kg 增加到 0.6 g/kg（表 2.8）。而在灌丛间土壤 0~20 cm 有机质、全氮、全磷含量和 pH 值变化不显著（表 2.6）。封育后养分集聚在灌丛下，产生"沃岛效应"，土壤养分空间异质性增加。

随着封育年限增加，在灌丛下电导率显著增加，0~10 cm，土壤电导率从流动沙丘的 182 μS/cm 增加到固定沙丘的 471 μS/cm；在灌丛下 10~20 cm，土壤电导率从流动沙丘的 169 μS/cm 增加到固定沙丘的 778 μS/cm（表 2.6）。

在封育过程中，0~10 cm 和 10~20 cm 灌丛下土壤盐分离子显著增加。在灌丛下 0~10 cm，离子 SO_4^{2-}、K^+ 和 Na^+ 从 0.05 cmol/kg、0.02 cmol/kg 和 0.05 cmol/kg 增加到

0.34 cmol/kg、0.07 cmol/kg 和 0.90 cmol/kg,分别增加了 5.8、2.5 和 17.0 倍;灌丛下 10～20 cm,离子 SO_4^{2-}、K^+、Na^+ 也有明显的增加,从 0.15 cmol/kg、0.004 cmol/kg 和 0.18 cmol/kg 到 0.61 cmol/kg、0.03 cmol/kg 和 2.35 cmol/kg,这些离子含量比未封育流动沙丘上的分别增加了 3.0、6.5 和 12.1 倍;而在灌丛间离子增加不显著,盐分主要集聚在灌丛下,产生"盐岛效应"(图 2.19、图 2.20)。

表 2.6 不同封育年限 0～20 cm 土壤物理化学性质改变

土层以及取样点(cm)	年限(a)	土壤质地(%)			土壤化学性质				
		沙粒 1～0.05(mm)	粉粒 0.05～0.002(mm)	黏粒<0.002(mm)	有机质(g/kg)	全氮(g/kg)	全磷(g/kg)	pH	电导率(μS/cm)
0～10A	0	92.7[b]	3.6[a]	3.7[a]	1.8[a]	0.1[a]	0.5[a]	7.8	182[a]
	5	86.8[a]	4.8[b]	8.4[b]	2.8[ab]	0.3[a]	0.7[b]	7.9	399[b]
	10	84.7[a]	6.6[b]	8.7[b]	5.8[b]	0.5[b]	0.8[b]	7.9	471[c]
0～10B	0	93.6	3.1	3.3	1.3	0.1	0.3	8.1	169
	5	90.8	4.1	5.1	1.4	0.2	0.3	8.2	1251
	10	88.8	4.3	6.9	1.6	0.3	0.5	8.0	778
10～20A	0	94.9[b]	1.8[a]	3.3[a]	1.3[a]	0.2[a]	0.5[a]	8.1	169[a]
	5	90.8[a]	3.7[b]	5.5[b]	1.8[a]	0.4[b]	0.7[b]	8.1	1251[b]
	10	89.8[a]	4.3[b]	5.9[b]	2.6[b]	0.6[b]	0.7[b]	8.2	778[ab]
10～20B	0	94.6	2.1	3.3	1.3	0.2	0.3	7.7	136
	5	91.8	3.4	5.0	1.5	0.2	0.3	8.6	355
	10	89.4	3.6	7.0	1.7	0.2	0.4	8.3	240

注:A 代表灌丛下;B 代表灌丛间。

2.3.2.2 植被变化

沙拐枣和泡泡刺是固沙群落的主要天然灌木种,随着封育年限增加优势种由沙拐枣变成泡泡刺。从流动沙丘到封育 15 a,沙拐枣密度从 150 株/hm² 下降到 100 株/hm²,盖度从 10% 下降到 5%,高度保持在 75 cm;而泡泡刺密度从 50 株/hm² 增加到 210 株/hm²,盖度从 5% 增加到 31%,高度基本维持在 45 cm(表 2.8)。

流动沙区草本层植物主要以先锋植物雾冰藜(*Bassia dasyphylla*)和沙米(*Agriophyllumsquarrosum*)为主,草本植物密度为 164 株/m²,生物量为 11.4 g/m²,盖度为 5%,草本物种数量为 5 种;实施封育 5 a,草本层植物优势种为雾冰藜为主,草本植物密度为 54 株/m²,生物量为 1.3 g/m²,盖度为 3%,草本层植物物种数量增加到 6 种;实施封育 15 a,草本层植物以雾冰藜为优势种,草本植物密度为 138 株/m²,生物量为 13 g/m²,盖度为 7%,草本层物种数量增加到 8 种(表 2.7)。封育之后草本层主要依然以一年生草本植物为主,多年生草本并没有入侵。

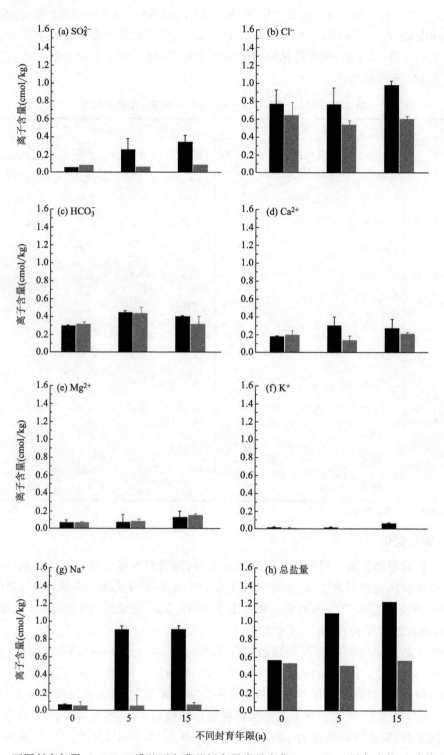

图 2.19　不同封育年限 0～10 cm 灌丛下和灌丛间离子含量变化(cmol/kg)(黑色为林下,灰色为林间)

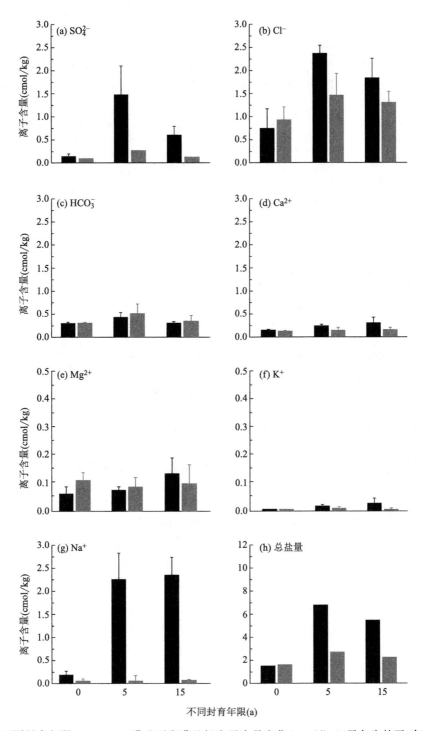

图 2.20　不同封育年限 10～20 cm 灌丛下和灌丛间离子含量变化（cmol/kg）（黑色为林下，灰色为林间）

表 2.7 不同封育年限沙丘天然植被群落草本植物物种组成

植物种	生活型	封育年限								
		0 a(对照)			5 a			15 a		
		D	F	B	D	F	B	D	F	B
雾冰藜 Bassia dasyphylla	AF	61±59	96	4.2±4.3	42±37	100	1.1±1.2	85±62	100	4.3±3.7
沙米 AgriophyllumSquarrosum	AF	88±82	85	3.2±3.0	2±1	65	0.1±0.1	11±10	53	1.8±1.7
白茎盐生草 Halogeton arachnoideus	AF	2±1	67	0.7±0.1	1±5	38	0.1±0.1	5±3	53	0.4±0.3
画眉草 Eragrostis pilosa	AG				7±0	13	0.1±0.1	9±8	47	0.7±0.6
猪毛菜 Salsola collina	AF				1±0	13	0.1±0	5±0	7	2.3±0
虎尾草 Chloris virgata	AG	4±3	13	1.0±1.1				4±3	47	0.7±0.1
刺沙蓬 Salsola ruthenica	AF	9±6	100	2.3±2.1				5±5	73	0.7±1.0
虫实 Corispermummacrocarpum	AF				1±0	7	0.1±0	4±1	20	2.1±0.7
生物量(g/m²)		11.4			1.6			13		
物种数		5			6			8		
盖度(%)		5%			7%			9%		

注:D 代表密度(株/m²);F 代表频度(%);B 代表草本生物量(g/m²);AF 代表一年生杂草;AG 代表一年生禾本。

表 2.8 不同封育年限主要灌木植物变化

封育年限 (a)	沙拐枣			泡泡刺		
	密度(株/hm²)	盖度(%)	高度(cm)	密度(株/hm²)	盖度(%)	高度(cm)
0	150	10	75	50	5	43
5	105	6	78	200	16	46
15	100	5	79	210	31	47

2.3.3 河西走廊荒漠绿洲过渡带封育对天然固沙植被的影响

本研究发现在河西荒漠绿洲过渡带封育可以使灌木层植被得到恢复。随着封育年限增加,优势种灌木沙拐枣和泡泡刺灌丛趋向于大斑块发展,同时,优势种由沙拐枣变为泡泡刺。这可能是由于泡泡刺冠幅会随着封育年限增加不断增加,并形成灌丛沙堆,而沙拐枣冠幅相对于泡泡刺冠幅小,在对水平空间的竞争中没有优势。同时,我们还发现封育也有利于草本层植物定居和发展,但草本层植物依然以一年生草本植物为主,没有发现多年生草本植物。这表明草本层结构依然不是很稳定,草本层还主要依赖于多变的降水条件。一般而言,在荒漠绿洲过渡带,沙地植被的破坏多是由于人为过度活动导致,当人为干扰消除时,天然固沙植被就可以得到有效的恢复,植被盖度、密度就会增加,但天然固沙植被的恢复演变过程是一个非常重要而缓慢的过程,植被群落达到稳定还需要一个漫长的过程(Redman,1999;何志斌 等,2005;赵哈林 等,2006;Reynolds et al.,2007;刘冰 等,2008)。

本研究还观测到随着封育年限增加,沙丘土壤质地逐渐改善,主要表现为灌丛下沙土中的黏粉含量都有显著的增加,特别是在固定沙丘灌丛下表层 0~10 cm 沙土中的黏粒(<0.002 mm)和细砂粒(0.05~0.002 mm)显著增加。据报道,在中国西北荒漠地区每年细小颗粒沉积的厚度约为 0.8~2.0 mm,并且随着固沙年限的增加,沉降的细颗粒物质极大地改变了土壤质地,从而改变了沙土基质的物质组成(Cao et al.,2008;Dong et al.,2009)。在科尔沁沙地,随着

固沙植被小叶锦鸡儿（*Caragana microphylla*）的建立，土壤中黏粉粒含量增加了近 14 倍（Zhao et al.，2011）。在腾格里沙漠，固沙植被恢复过程中沙土黏粉粒含量增加 8.8 倍（Li et al.，2002；Li et al.，2007b）。这些现象说明随着流动沙丘固定程度增加，沙土由粗质沙粒向细质沙粒转变。这种现象的出现与沙地植被的恢复也有着密切的相关。特别是植被盖度的增加，使得沙土表面颗粒物质的起沙风速增加，保证在一定的风速范围内沙土表面细小颗粒物质免受风蚀，保持了沙土表面基质的稳定。而在本研究中，封育为灌木植物沙拐枣和泡泡刺的定居、个体生长，最终灌丛沙堆形成提供了一个稳定的环境，固沙植被高度和盖度增加，风沙活动逐渐减弱，生境风沙活动由风蚀向沙积转变，风沙流中携带的细小颗粒物质在灌丛下沉积，并随着植物枯枝落叶层以及灌丛雨和灌丛径流在灌丛沙堆聚集。

　　本研究还发现优势种灌丛下土壤养分（有机质，全氮和全磷）含量明显增加，而灌丛间并没有发现，"沃岛"效应明显，同时增加了土壤养分的空间异质性。这一研究结果和科尔沁沙地和腾格里沙地的研究结果较为一致，但相比本节研究中土壤养分恢复较慢（Drees et al.，1993；Brooks et al.，2003；苏永中 等，2004b）。我们研究发现，细小颗粒物的增加是沙土养分恢复的重要原因（图 2.21）。这主要是由于在风沙环境下，土壤 62% 的有机碳和 69% 的氮存在于不到 10% 的黏粒中，只有 30%～40% 的有机碳和氮存在于占 80% 以上的土壤沙粒中，而且由于沙粒为不稳定颗粒，沙质土壤碳氮对风沙活动极度敏感（苏永中 等，2004b）。在流动沙丘，风沙活动强烈，沙土中的黏粉粒等细粒物质随着风沙活动流失，导致有机质、氮、磷等养分含量呈现下降趋势。而封育后，一方面，固沙植被的"沃岛"效应可以有效地改善土壤的养分条件（Reynolds et al.，2007），另一方面，灌丛下细颗粒沉降和有机质物质在根际沉积（Redman，1999）。同时，灌丛较大的盖度可以为其他的植物遮阴、保持较高的土壤水分和养分。灌丛对于风力传播种子也有一定的捕获能力，灌丛下往往是种子和细粒物质的聚集地，从而促进了一年生草本植物在灌丛周围定居和发育，一年生草本的快速生长和死亡同时也为沙土提供更多的养分来源（李君 等，2007），草本植物根系活动也会分泌大量的有机物质（苏永中 等，2002b）。

　　但本研究也发现封育之后，优势种灌丛下有明显的盐分积累现象，离子主要以 SO_4^{2-}、K^+ 和 Na^+ 为主。在塔克拉玛干沙漠边缘和古尔班通古特沙漠南缘，柽柳（*Tamarix chinensis*）灌丛和梭梭（*Haloxylon ammodendron*）林下也发现有较高的盐分富集现象（尹传华 等，2007；李从娟 等，2012）。一般认为在荒漠生境盐岛效应的发生与植物根系对盐分的吸收和转运有直接的关系。按照植物对盐分的适应方式不同，盐生植物可以分为两种，耐盐植物和泌盐植物。戈良朋等（2007）研究认为，荒漠盐生植物根系可以起到盐泵作用，将盐分从地下运输到地上表层。Nosetto 等（2008）也认为，耐盐的植物种往往可以引起土壤表层盐分富集。除了植物根系作用，盐岛的发生往往也和土壤水盐条件、地下水埋深以及地下水含盐量密切相关。例如，柽柳生长在地下水埋深较浅的地区，盐岛效应最明显，而在土壤水分少、含盐量低、地下水埋深深的地区并没有发现盐分集聚（尹传华 等，2007）。本研究中，我们认为盐分在土壤表层集聚主要和植物根系吸收地下水以及土壤表层细粒化有关。本研究区地下水埋深较浅主要分布在 3～5 m，梭梭、沙拐枣和泡泡刺等灌木植物都可以利用含有大量盐分的地下水（Ji et al.，2006；常学向 等，2007；赵文智 等，2017），植物根系吸收水分的同时，将地下水中的盐分带到含有大量毛细根的浅层土壤。在流动沙丘，由于表层沙土质地粗，保水能力差，因此盐分无法富集在表层，只能停留在保水能力较好的细沙层。而在封育之后，流动沙丘得到固定，表层沙

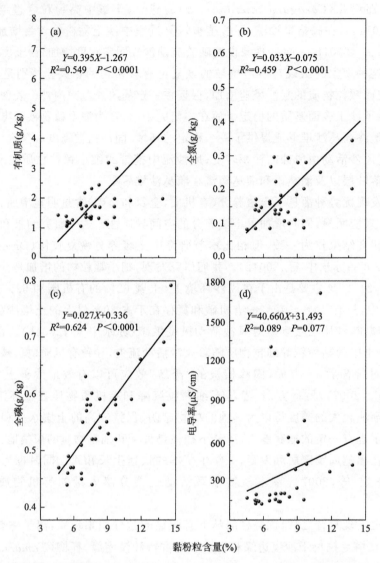

图 2.21　黏粉粒和有机质(a)、全氮(b)、全磷(c)和电导率(d)的线性关系

土细粒化,土壤水分和养分得到极大提高,土壤结构得到改善,盐分最终在强烈蒸发的作用下富集在土壤表层。

2.3.4　小结

在河西走廊典型荒漠绿洲过渡带,我们发现随着封育年限增加,天然固沙植被群落生物多样性增加,灌木层和草本层植物密度、盖度和生物量都显著增加,但草本层植物多为一年生草本植物,植被的恢复可能处于过渡期,植被达到稳定还需要更长时间。土壤表层沙土细粒化明显,土壤质地由粗质沙粒向细质沙粒转变;随着沙土中黏粉粒成分的增加,沙土有机质、全氮、全磷也随之增加。同时,在灌丛下表层土壤出现明显的盐分集聚现象,其中 SO_4^{2-}、K^+ 和 Na^+ 最为显著。在降水 100 mm 左右的荒漠绿洲过渡带,封育天然植被对于保持土壤和恢复植被作用显著,但土壤表层盐化现象需要进一步关注。

第3章 荒漠绿洲过渡带主要固沙植物生活史对风沙环境权衡响应

作为防止沙漠化固沙造林的先锋种,梭梭在我国西北地区荒漠和半荒漠地区广泛分布(刘瑛心,1985)。但梭梭人工固沙林种植多年以后梭梭种群数量出现大面积下降、盖度减小的现象(马全林 等,2003,2006)。这种现象的出现被认为是由于土壤深层土壤水分下降所引起的梭梭死亡而导致(王继和 等,2004;朱雅娟 等,2011),同时也是大多数人工梭梭缺乏自然更新能力的结果(黄子琛 等,1983;陈芳 等,2010)。

目前关于梭梭种子萌发条件的研究很多,集中在梭梭种子萌发的适宜物理环境,例如,储藏方式、大气温度、土壤盐分等对于种子萌发的影响(Khan et al.,1996;Tobe et al.,2000;Huang et al.,2003)。实验结果确定了梭梭萌发的最适温度为 10 ℃,其次为 15~20 ℃,梭梭种子果翅对于萌发有抑制作用等(黄振英 等,2001a)。但这些实验都是在培养箱或是温室内完成,极少涉及自然条件下,沙埋深度对于梭梭种子萌发以及幼苗的生长、存活的影响。在自然的条件下,对不同沙埋深度下去除果翅的梭梭种子进行萌发实验,对出土幼苗进行了一年全生长季监测,判断不同沙埋深度下,梭梭种子萌发以及幼苗的生长存活情况。

3.1 沙埋深度对于梭梭幼苗出土和生长的影响

3.1.1 研究方法

实验于 2013 年 6—9 月进行。实验沙土选择 105 ℃高温烘干 24 h 的沙土以防止沙土中土壤种子库对实验结果产生影响。荒漠土壤种子库一般存在于 0~5 cm(Guo et al.,1998,1999),因此实验将沙埋深度设为 0~5 cm 6 个处理,每个处理 5 个重复,在每个花盆中间位置均匀洒 25 粒梭梭种子。在研究区,降水量 5 mm 降水占年降水事件的 45%,因此将模拟单次降水设计为 5 mm,根据 6—9 月的月平均降水量分别为 17.5 mm、27.0 mm、25.0 mm 和 15 mm,实验期间 6—9 月模拟降水次数分别为 4、6、5、3 次。在自然降水期间,用遮雨布遮雨以防止对于实验结果的影响。幼苗胚芽突出沙土表面即为幼苗萌发,萌发率的计算只包含萌发出土的幼苗,而未出土幼苗不计算在内。当第一次胚芽出土标志着萌发期开始,观测幼苗数量,统计累计萌发率,当幼苗数量达到最大值两周后再无幼苗突出沙土,标志着萌发期结束。标记 3 株幼苗,每 5 d 观测一次幼苗的生长高度,同时记录幼苗的数量。

3.1.2 不同沙埋深度下梭梭幼苗生长特征

3.1.2.1 种子萌发率

沙埋深度 0~5 cm,萌发率为 22.4%;1 cm 时萌发率达到最大,为 39.2%;沙埋 3 cm,萌发率仅为 1.6%;4 cm,萌发率下降到 0.8%;5 cm,萌发率为 0。1 cm 沙埋深度梭梭种子萌发率最高($P<0.05$)。同时,从线性回归分析可以发现,沙埋深度增加会导致梭梭种子萌发率减小($R^2=0.66$)(图3.1)。

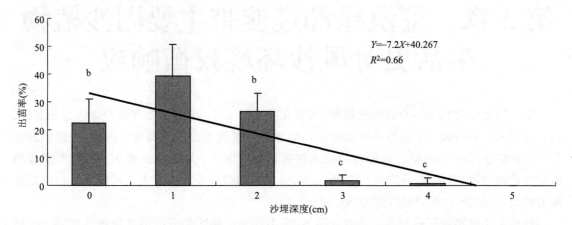

图3.1 梭梭种子萌发率与沙埋深度的关系(不同字母表示不同沙埋深度显著差异,$P<0.05$)

3.1.2.2 幼苗存活率

0 cm沙埋下出土幼苗存活率为0;1 cm幼苗存活率为4.1%;2 cm幼苗存活率为30.3%;4 cm沙埋时,幼苗存活率为100%。随着种子沙埋深度增加,出土幼苗存活率增加的趋势明显($R^2=0.91$)(图3.2)。

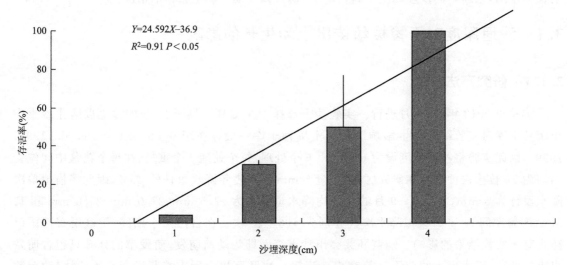

图3.2 萌发幼苗存活率与沙埋深度的关系

3.1.2.3 幼苗数量

在0 cm沙埋下,种子萌发从第2天开始,2～5 d成为快速萌发期,幼苗数量达到28株;6～28 d幼苗数量保持稳定;28～43 d幼苗出现死亡,最后幼苗数量下降为0(图3.3a)。

在1 cm沙埋下,种子萌发从第4天开始,4～11 d成为萌发期,幼苗数量达到49株;11～26 d幼苗数量保持稳定;26～48 d幼苗出现死亡,幼苗数量仅为2株(图3.3b)。

在2 cm沙埋下,种子萌发从第5天开始,5～9 d成为萌发期,幼苗数量28株;9～27 d幼苗数量保持稳定;28~43 d 幼苗出现死亡,存活幼苗数量为 10 株(图 3.3c)。

在 3 cm 沙埋下,萌发从第 14 天开始,14~17 d 成为萌发期,幼苗数量只有 2 株;18~30 d 幼苗数量没有变化;30~36 d 出现死亡,存活幼苗数量为 1 株(图 3.3d)。

在 4 cm 沙埋下,萌发在第 20 天开始,出土幼苗数量只有 1 株,后期生长稳定(图 3.3e)。

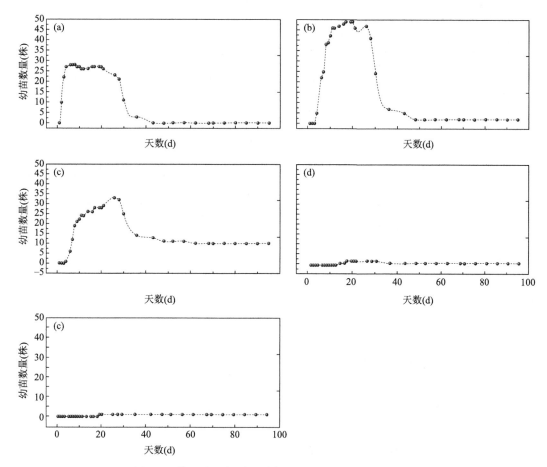

图 3.3　第一个生长季,不同沙埋深度梭梭幼苗数量变化

3.1.2.4　生长高度

0 cm 沙埋出土的幼苗生长季内最大生长高度仅为 2.8 cm,而后出现萎蔫,最终死亡。生长呈抛物线形($Y=-0.02X^2+0.44X-1.06,R^2=0.68$)(图 3.4a)。

1 cm 沙埋出土的幼苗生长季内生长高度为 18.1 cm。生长高度线性增长($Y=0.63X-4.42,R^2=0.85$)(图 3.4b)。

2 cm 沙埋出土的幼苗生长季内生长高度为 19.1 cm。生长高度线性生长($Y=0.77X-6.03,R^2=0.88$)(图 3.4c)。

3 cm 沙埋出土的幼苗生长季内生长高度为 20.6 cm。生长高度线性生长($Y=1.19X-19.65,R^2=0.89$)(图 3.4d)。

4 cm 沙埋出土的幼苗生长季内生长高度为 21.5 cm。生长高度线性生长($Y=1.62X-28.79,R^2=0.91$)(图 3.4e)。

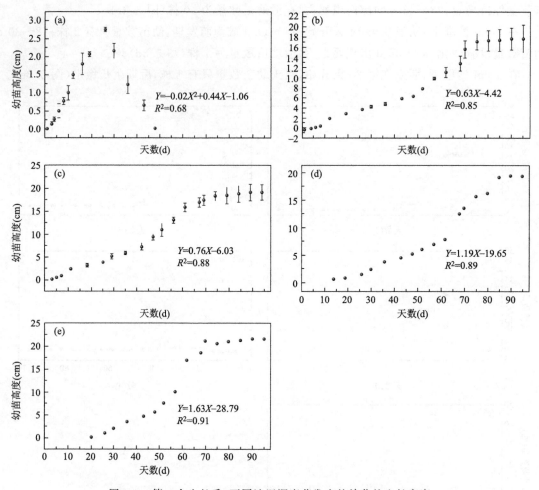

图 3.4　第一个生长季,不同沙埋深度萌发出的幼苗的生长高度

3.1.3　沙埋深度对梭梭生长的影响

植物种子萌发标志着植物生长周期的开始,同时也是植物生活史繁殖对策研究的重要内容。而沙埋是风沙区植物种子萌发的关键影响因素。梭梭主要存在于我国干旱、半干旱荒漠地区,种子成熟后易埋藏于流沙中(常兆丰 等,2008)。位于不同深度的沙埋种子,其萌发的环境条件有极大的不同。不同沙埋深度下土壤含水量、土壤温度和光照等环境因素不同,因此导致植物种子萌发特征也会有所改变(李新荣 等,2001)。已有的研究结果表明:光照对于许多植物种子萌发并不是必要条件,而是和其他环境因素一起发挥作用。通常按照植物种子萌发是否需要光照,将植物种子主要分为:喜光和喜暗植物。喜光植物种子会随着沙埋深度的增加而递减(马风云 等,2006);而喜暗种子的萌发率呈先增加后减少的趋势(潘颜霞 等,2009)。大多数荒漠植物种子萌发的适宜沙埋深度为 0~2 cm,沙埋深度高于 4~6 cm 时种子萌发率下降,有些植物种子甚至不能出苗(常学向 等,2003;史小红 等,2007)。梭梭种子在 0~2 cm 沙埋深度下萌发率较高,1 cm 沙埋深度下种子萌发率最高,在 3 cm 和 4 cm 沙埋下萌发率下降,5 cm 没有种子萌发(图 3.1),这种现象说明梭梭种子为喜光性种子。沙埋除了可以限制梭梭种子萌发,幼苗出土(黄刚 等,2009),同时也可以延迟植物幼苗出土的时间(何志斌 等,

2004b)。随着沙埋深度增加,梭梭种子出苗时间增加,0 cm 梭梭幼苗第 2 天开始出土,1 cm 第 4 天开始,2 cm 第 5 天,3 cm 第 14 天,4 cm 第 20 天(图 3.3)。这表明随着沙埋深度增加,种子对于降水、土壤水和地温等环境因素的响应越缓慢。这种延迟萌发的特点有利于植物在不可预测的恶劣环境下形成一种有效的分摊风险机制(张静 等,2007)。从幼苗出土时间来看,梭梭种子可以对干旱沙漠区稀少而有限的降雨做出快速的响应。不论沙埋深浅,梭梭种子出土需要的时间都比较短,一旦条件适宜,梭梭种子可以对降雨做出响应,萌发期历时最多不超过 7 d(图 3.3)。这样的特征有利于植物幼苗尽早定居,提高和其他植物的竞争优势(久文 等,1979;高尚武,1984;安摇慧 等,2011)。

植物种子萌发,幼苗生长会受到植物本身生物学特征的影响,同时也会受到其生长环境的制约。由于荒漠气候的特殊性,生长在沙地的植物时常会遭受干旱、高温、风蚀和沙埋等频繁干扰,加之幼苗期是植物生长周期中最脆弱的阶段(李滨生,1990;Johnson et al.,2000),大多数植物幼苗出土以后死亡发生在生命周期中的第一年(Li et al.,2004a)。幼苗能否成功定植主要取决于它们的生长能力,往往那些根系、高度生长速率快的植物幼苗可以成功定居(Wang et al.,2004)。绝对生长高度可以用来描述幼苗的地上生长能力。实验结果发现,浅沙埋梭梭种子萌发快,但出土以后幼苗生长较慢,而深沙埋下出土的幼苗高度生长率高。1~4 cm 沙埋出土幼苗日生长率分别为:0.6 cm/d、0.8 cm/d、1.2 cm/d、1.6 cm/d,经过一个生长季后,4 cm 沙埋出土的幼苗生长高度最高为 21.5 cm,但是 0 cm 沙埋幼苗出土最早,但最大生长高度最低,仅为 2.8 cm(图 3.4)。而对于幼苗存活率而言,一定沙埋对幼苗存活也有显著的促进作用(图 3.2)。这主要是由于:在一定沙埋深度下出土的幼苗,其根茎部由于沙埋,可以减少夏季高温和强光照的损坏;同时浅沙层的土壤水分高于表层土壤,有助于幼苗根系吸水,根系更为容易向下生长;此外,沙埋可以使幼苗在风沙强烈的时候保持相对的稳定,减少频繁风沙活动对于幼苗的影响。Bullock 研究表明,土壤 2~3 cm 深度处具有活力的种子对于植物群落的自然更新贡献最大(肖洪浪 等,2004)。本研究结果表明对于梭梭而言,2 cm 沙埋深度处的梭梭种子对于其种群更新的贡献最大(图 3.3)。

从种子萌发、幼苗出土、生长,死亡,第一年幼苗生长过程存在明显的阶段性。不同沙埋深度出苗的梭梭幼苗各个生长期历时基本一致。从幼苗数量变化特征可以看出,第一年梭梭幼苗生长都会经历种子快速萌发期、幼苗稳定生长期、死亡期,存活幼苗稳定生长。首先,当降雨来临、温度、光照适宜,梭梭种子开始萌发,萌发期小于 7 d;幼苗出土以后,进入幼苗稳定生长期,一般为 20 d 左右;经过近一个月时间的生长,幼苗数量开始急剧下降,梭梭幼苗死亡期开始,这个时期持续了 10 d 左右;最后幼苗数量保持稳定(图 3.3)。在幼苗定植过程中,第一年梭梭幼苗死亡期是最重要的时期,这个时期可以决定幼苗存活的最终数量,本研究发现梭梭幼苗死亡期一般是在梭梭幼苗出土后 30~40 d,这个时期可能是梭梭幼苗生长第一年最为脆弱的时期,具体原因还需要进一步研究。

3.1.4 小结

梭梭种子的萌发率会随着沙埋深度增加而降低,最佳萌发沙埋深度为 0~1 cm,而 4 cm 已经是种子萌发的最大沙埋深度。而梭梭幼苗存活率随着沙埋深度增加而增加,幼苗出土后,存活率最高的为 4 cm,最小的为 0 cm。综合考虑种子萌发率和幼苗存活率,2 cm 是梭梭幼苗更新的最佳沙埋深度。

3.2　土壤种子库密度对于梭梭更新的影响

土壤中以及表层凋落物全部存活种子的总和称为土壤种子库(Thompson et al.,1979)。土壤种子库是植被潜在更新能力组成部分,在植被恢复过程中可以起着重要的作用(Coffin et al.,1989)。植物种子本身的生物学特性或者是由于环境胁迫对种子造成的生理作用,土壤种子库中的一些种子可以暂时处于一种休眠或静止的状态,从而可以逃避干旱或其他环境胁迫。而当环境一旦改善,种子便可打破休眠,迅速萌发(杨允菲 等,1995;王刚 等,1995b;刘济明,2001),同时,土壤种子库也可以减小濒危植物灭迹的可能性(王刚 等,1995a)。

土壤种子库的大小是指单位面积土壤内有活力的种子数量,是土壤种子库最重要的特征之一。空间上,土壤种子库的大小存在很大的差异性。在沙漠环境中,种子密度在水平分布上从灌丛到灌丛之间的开阔地域逐渐降低(Guo et al.,1998,1999)。Sevilleta 生态研究站研究发现灌丛下和灌丛之间芥菜的种子库数量有显著差异,种子库大小分别为 2400 粒/m² 和 169 粒/m²(Cabin et al.,2000)。同时,不同季节内土壤种子库大小也有较大差异。例如,在阿根廷蒙特(Monte)沙漠中部,常绿草种子库密度随着季节变化,在 2400～3000 粒/m² 波动(Marone et al.,1998)。在西藏雅鲁藏布江中游沙生槐种群土壤种子库大小的平均值在 6～25 粒/m²(刘志民 等,2002)。垂直方向上,随着土壤深度增加,单位面积的种子库大小减少。沙漠中绝大部分种子库存在于土壤 1～2 cm(Guo et al.,1998,1999),同时这也是种子萌发的适宜埋深(黄振英 等,2001b)。

在防止沙漠化,恢复固沙植被的过程中,土壤种子库会随着沙漠化程度的降低而发生改善,这对固沙植被自然更新产生直接的影响。但目前关于种子库密度大小对于固沙植被幼苗萌发、植被更新的影响研究却很少涉及。有研究发现,梭梭种子萌发和幼苗生长的最适宜的沙埋深度为 1 cm(王锐 等,2009)。因此在 1 cm 沙埋下萌发出土的幼苗对于梭梭更新非常重要。在自然的条件下,在 1 cm 沙埋深度下,不同种子库密度,对梭梭种子的萌发,以及幼苗生长存活情况的影响,研究结果有助于理解梭梭自我更新过程,提高使用梭梭种子进行生态恢复的成效。

3.2.1　研究方法

梭梭是河西走廊主要的人工固沙植被,也是人工固沙植被群落的建群种。在 2012 年秋季梭梭种子成熟期,在不同母株上收集种子。将采集后的种子处理干净,风干后装入干燥布袋置于实验室内自然冷藏。2013 年 6—9 月在中国科学院临泽站开始进行实验。选择在 105 ℃条件下烘干 24 h 的沙土以防止沙土中种子库对于实验的影响。实验将沙埋深度设为 1 cm,6 个密度处理为:80 粒/m²、160 粒/m²、320 粒/m²、480 粒/m²、640 粒/m² 和 960 粒/m²。实验在花盆中进行,花盆直径为 25 cm,按照设计的种子密度和花盆面积,花盆中种子密度分别为 5 粒/盆、10 粒/盆、20 粒/盆、30 粒/盆、40 粒/盆和 60 粒/盆,每个处理 5 个重复,在每个花盆中均匀洒梭梭种子。根据研究区 6—9 月的月平均降水量分别为 17.5 mm、27.0 mm、25.0 mm、15 mm,单次降水量以 5 mm 降水为主,将模拟单次降水强度设计为 5 mm,6—9 月研究期间模拟降水次数分别为 4 次、6 次、5 次、3 次,降雨间隔期分别为 7 d、5 d、6 d、10 d。为防止自然降雨对于实验结果的影响,在自然降雨期间,用遮雨布遮雨。胚芽突出沙土表面表示种子萌发,萌发率只包括萌发出土的幼苗,未出土幼苗不计算在内。胚芽出土标志着萌发期开始,观测出土幼苗数量,统计累计萌发率,当幼苗数量达到最大 4 周内再无幼苗突出沙土,标志着萌发期结束。每个处理选定 3 株健壮幼苗标记,观测幼苗的高度,并记录幼苗的数量。存活幼苗指在萌发的幼苗中,生长季 9 月 25 日保持存活,即认为幼苗存活。幼苗存活率＝存活幼苗数量/萌发幼苗数量。

3.2.2　不同种子密度下梭梭种子萌发和幼苗生长特征变化

3.2.2.1　种子萌发率

随着种子密度的增加,幼苗萌发率增加($P<0.05$)。种子密度为 80 粒/m²,萌发率为 28%;160 粒/m²,萌发率为 32%;320 粒/m²,萌发率增加到 45%;当种子密度增加到 640 粒/m² 和 960 粒/m²,萌发率分别达到 56% 和 54%(图 3.5)。

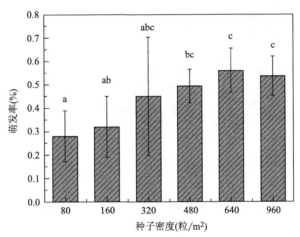

图 3.5　不同种子密度梭梭种子萌发率

不同字母代表不同种子密度下种子萌发率差异显著($P<0.05$),下同

3.2.2.2　幼苗存活率

种子密度 80 粒/m²,种子存活率为 0;种子密度 160 粒/m²,存活率为 25%;320 粒/m²,存活率为 22%;480 粒/m²,存活率为 11%;640 粒/m²,存活率为 10%;960 粒/m²,存活率为 11%(图 3.6)。

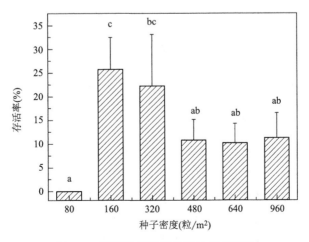

图 3.6　不同种子密度梭梭幼苗存活率

3.2.2.3　幼苗数量变化

梭梭种子萌发第 3 天开始,3~24 d 成为快速萌发期,幼苗数量很快达到最大值;24~35 d 幼苗数量下降;35~90 d 幼苗数量基本保持稳定(图 3.7)。

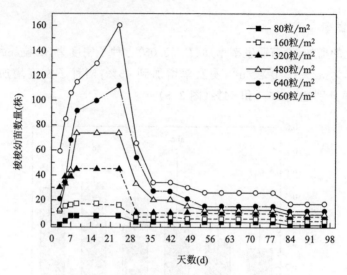

图 3.7　不同种子密度梭梭幼苗数量变化

种子密度为 80 粒/m²,幼苗数量最多仅为 7 株,24~35 d 幼苗出现死亡,存活幼苗数量仅为 2 株。

种子密度为 160 粒/m²,幼苗数量最多为 17 株,24~35 d 幼苗出现死亡,存活幼苗数量仅为 3 株。

种子密度为 320 粒/m²,幼苗数量最多为 45 株,存活幼苗数量为 7 株。

种子密度为 480 粒/m²,幼苗数量最多为 74 株,幼苗经过 24~35 d 死亡期后,存活数量为 8 株。

种子密度为 640 粒/m²,幼苗数量最多为 112 株,存活幼苗数量为 11 株。

种子密度为 960 粒/m²,幼苗数量最多为 161 株,存活幼苗数量为 17 株。

3.2.2.4　生长高度

种子密度 80 粒/m²,幼苗第一个生长季内生长高度为 14.5 cm,然后出现萎蔫,最后死亡(图 3.8a);160 粒/m²,15.6 cm(图 3.8b);320 粒/m²,24.9 cm(图 3.8c);480 粒/m²,25.9 cm(图 3.8d);640 粒/m²,23.2 cm(图 3.8e);960 粒/m²,14.5 cm(图 3.8f)。

3.2.3　种子密度对梭梭更新的影响

植物种子萌发以及幼苗生长是植物天然更新的关键时期(Fenner et al.,2005)。落地以后,种子开始吸胀、胚轴伸出种皮、幼苗萌发、出土需要经过一系列生理活动过程(Bewley,1997)。种子休眠、萌发都会受到种子生理特征的控制,通过发育过程中的环境因子起作用(赵昕 等,2001)。降雨发生后种子首先要吸收充足的水分,吸涨使坚硬的种皮软化。如果种子吸水量过少,不足以使种子中的酶全部活化;而吸水量过多,种子又处于缺氧状态,代谢受阻,不利于萌发。与此同时,有些植物种子萌发生理活动自身可以产生某种物质,例如激素、有机酸

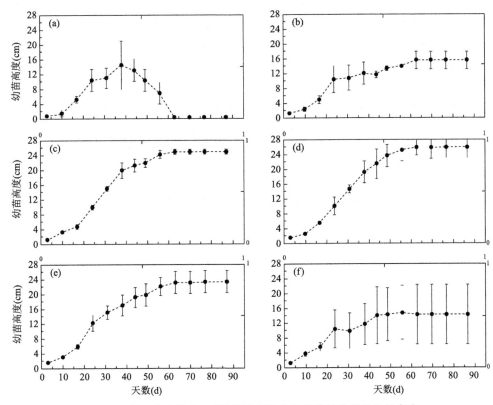

图 3.8　第一个生长季，不同种子密度萌发的梭梭幼苗的生长高度

(a)80 粒/m²；(b)160 粒/m²；(c)320 粒/m²；(d)480 粒/m²；(e)640 粒/m²；(f)960 粒/m²

和生物碱等，这些物质对于种子萌发有着重要的促进或是抑制作用。梭梭种子萌发可以产生某种激素类物质(夏日帕提 等，1996)。尽管种子密度的增加会使种子个体的吸水量减少，但并不会对梭梭种子萌发产生明显的影响，种子密度增加、种的萌发率增加，说明一定密度范围下，种子萌发过程中释放的物质可能是有利于萌发的，可以帮助梭梭种子打破休眠(图 3.5)。但具体的原因还需要做进一步的研究。

　　从种子萌发到幼苗出土是一个复杂的过程，是生理和环境综合作用的结果。种子萌发、幼苗出土以后，幼苗一方面会受到植物生物学特征的影响，另一方面也会受到生境条件的制约。在植物生活周期，幼苗出土第一年生长期对逆境的忍耐力最小(Ren et al.，2002；Huang et al.，2003)。在流动沙丘环境下，植物幼苗时常会遭受到干旱、高温、风蚀和沙埋等环境因素的频繁干扰，大多数幼苗死亡在生命周期中的第一年(Thompson，1973；Lloret et al.，1999)。从幼苗存活率来看，在种子密度为 160～320 粒/m²，存活率随着密度增加而增大。其中在160 粒/m² 密度下，幼苗存活率最高。植物幼苗定植成功与否主要依赖于它们的生长能力，一般而言幼苗根系、高度生长速率快的植物往往可以成功定居(Lloret et al.，1999)。我们采用绝对高度生长来描述幼苗的生长能力，实验结果发现，在种子密度为 80～480 粒/m² 范围内，随着种子密度增加，幼苗数量增加，生长高度增加。在 1 cm 沙埋下，80 粒/m²、160 粒/m²、320 粒/m² 和 480 粒/m² 种子密度下出土的幼苗日生长率分别为：0.27 cm/d、0.24 cm/d、0.45 cm/d 和 0.46 cm/d，一个生长季后，在 320 粒/m² 和 480 粒/m² 种子密度下萌发出土的幼苗生长高度最大，分别为 25.1 cm 和 25.9 cm，在 80 粒/m² 种子密度下出土的幼苗生长高度最低,为 10.3 cm,最后枯萎死亡;种子密度为 640 粒/m² 以上时,随着种子密度增加,幼苗数量增加,而幼苗生长率开始下降;当达到 960 粒/m² 时,生长速率下降到 0.26 cm/d,一个生长季以后生长高度为 14.5 cm(表 3.1)。这些结果说明在一定数量范围内梭梭幼苗数量的增加有利于幼苗的生长。但如果出土幼苗数量过密的话,可能会引起幼苗对于土壤水分和空间有一定的竞争,反而会导致生长减慢。从幼苗生长高度与存活率综合考虑,种子密度在 320～480 粒/m² 之间最有利于幼苗的生长和存活。而如果单纯从幼苗更新数量上来看,种子密度越高,幼苗存活的数量越多(图 3.7)。幼苗生长第一年过程存在明显的阶段性。从幼苗数量特征可以看出,第一年幼苗都会经历种子快速萌发期、稳定生长期、死亡期,最后是稳定生长期。

表 3.1 不同种子密度梭梭幼苗高度生长率

种子密度(粒/m²)	生长高度拟合方程	R^2	P
80	$Y = 0.27X + 0.79$	0.73	$P < 0.01$
160	$Y = 0.24X + 1.66$	0.89	$P < 0.001$
320	$Y = 0.45X - 0.39$	0.95	$P < 0.001$
480	$Y = 0.46X - 0.69$	0.96	$P < 0.001$
640	$Y = 0.38X - 0.72$	0.95	$P < 0.001$
960	$Y = 0.26X + 1.65$	0.93	$P < 0.001$

3.2.4 小结

梭梭种子的萌发率随着种子密度增加而增加,幼苗生长高度随着幼苗数量的增加而加快,但是当幼苗数量增加到一定数量时,幼苗生长会减慢。从种子萌发和幼苗生长以及存活率来看,在梭梭种子密度为 320～480 粒/m² 时幼苗的生长和存活最好。单纯从幼苗更新数量看,种子库的密度越大,梭梭更新越多。种子库密度的增加对于更新数量起着重要的作用。

3.3 沙埋对于 3 种固沙植物幼苗生长的影响

沙埋是沙地生态系统最为常见的环境影响因素。同时也被看作是沙地植被群落演变的主要驱动力之一。特别是在植物生长的早期阶段,幼苗定植能否成功主要取决于其对于沙埋的适应能力(Fenner et al.,2005;Li et al.,2006)。在一定范围的沙埋可以刺激幼苗的萌发出土(Gutterman,1993)。但是,随着沙埋深度的增加,沙埋对于幼苗出土积极的作用开始下降,当超过一定的阈值,沙埋开始阻碍种子的萌发和幼苗出土(Tobe et al.,2001;Ren et al.,2004)。这些特征说明,存在一个最适合幼苗萌发出土的沙埋阈值,在这个沙埋阈值范围内植物幼苗萌发出土最多,幼苗生长存活最好,但是对于不同种植物这个阈值有较大的差异(Maun et al.,1986;Huang et al.,1998;Huang et al.,2004)。

最适沙埋深度会受到植物种子自身特征的影响(Chen et al.,1999;Huang et al.,2004)。种子特征例如种子大小、重量、性质、附属物和表面结构等会对种子萌发和幼苗生长产生直接的影响(Simons et al.,2000)。很多研究表明不论是在种内还是种间,大种子萌发出的幼苗有更强的生长和竞争能力,因此在资源稀缺的干旱沙地,大种子植物在萌发和幼苗生长阶段往往优于小种子植物(周海燕 等,2005;Moles et al.,2004b);相对于柔软纤细的植物种子,具有坚硬厚实的种子萌发往往比较困难;细长、椭圆形、带刺的种子往往可以更快更好地吸收水分,从而提升种子萌发能力(Grime et al.,1981;Moles et al.,2004b)。

在中国西北地区灌木植物是防止沙地前移、风沙活动的主要固沙植被。沙埋是影响固沙植被种群更新的一个重要影响因素(Chen et al.,1999;Seiwa et al.,2002)。适应沙地沙埋环境对于固沙灌木更新是极其重要的。只有那些可以适应沙埋的灌木才可以长久地在沙地环境生存(Maun et al.,1986)。而不适应沙埋环境,种子无法在沙埋下萌发出土的植物种,种群数量将会在频繁的沙埋和风蚀条件下减少,甚至消亡(McEachern,1992)。

沙拐枣(*C. mongolicum*)、泡泡刺(*N. sphaerocarpa*)和梭梭(*H. ammodendron*)在中国西北沙地广泛分布(Bedunah et al.,2000)。一方面它们可以在严酷的沙地环境中生存,另一方面它们可以降低风沙速度,减少风蚀对于沙地的侵蚀,具有极其重要的生态作用。由于这些特征,这三种耐旱性植物经常被当作先锋植物种植在极端干旱的沙丘(Bedunah et al.,2000)。但在中国西北很多地区,种植的固沙植被很难在当地产生有效的自我更新,种植后固沙植被出现退化严重的情况,需要重新种植才可以保证固沙功能。因此,按照当地的风沙情况选择合适的固沙植物是有效建立固沙植被区的前提(Zhao et al.,2007)。固沙植物的自我更新能力也成了选择固沙植物的一个重要考量方面,但是目前对于多种主要的固沙植物对于沙埋的适应性以及对于不同沙埋程度的更新能力研究还较少。

在本研究中,我们选择沙拐枣、泡泡刺和梭梭这三种河西走廊地区主要的固沙植物作为研究对象,将它们的种子埋在不同的沙土深度上以检验不同沙埋深度对幼苗出土、生长和存活的影响。评估这三种植物的最适沙深度并理解幼苗对于沙埋的不同适应对策。为选择合理的可以自我更新的固沙植物提供可靠的理论依据。

3.3.1　研究方法

3.3.1.1　实验设计

本实验选择在中国科学院临泽内陆河流域研究站进行,沙拐枣、泡泡刺和梭梭在研究区内是主要的固沙植被。作为主要的灌木种,这三种灌木相互竞争有限的水分、空间和光照等自然资源,而灌木的自我更新能力成为决定种群能否延续的关键。植物种子成熟后进入沙土散布在不同的深度下。在本实验中,我们在 2012 年秋季选择不同的个体采集种子。采集的种子放在干燥、黑暗的环境中。每种植物选择 1000 粒种子称重:梭梭种子重量为(3.15 g±0.21 g,平均值±标注误),泡泡刺种子重量为(19.68 g±1.05 g,平均值±标注误)沙拐枣重量为(66.65 g±2.25g,平均值±标注误)(表 3.2)。在荒漠沙地植物种子主要分布在 0~5 cm(Guo et al.,1998,1999)。因此在本实验中,我们选择每种植物 25 粒种子随机散布在花盆中间,按照 0~5 cm 沙埋深度进行沙埋,花盆的直径为 25.5 cm。为了防止种子库对于实验结果的影响,实验所用沙土均为 100 cm 以下风干沙土。为了不影响植物根系的向下生长,所用花盆为无底花盆。每种不同处理 5 个重复。实验时间为 2013 年 6 月 5 日到 9 月 20 日。降雨是植被更新的主要水源。为了阐明真实的幼苗萌发率和存活率,我们将降雨量设定为 6—9 月的月平均降雨量分别为 17.5 mm、27.0 mm、25.0 mm 和 15.0 mm。小降雨时间是当地的主要降雨特征(Lauenroth et al.,2009)。5 mm 降雨时间占到当地降雨事件的 86%(Yang et al.,2014)。在本研究中我们将模拟的单次降雨强度设定为 5 mm,降雨频率按照降雨量大小来计算得到。在有自然降雨的情况下使用遮雨布来防止自然降雨对实验的干扰。我们将幼苗出土率定义为当幼苗胚芽可见。从第一天开始幼苗胚芽出土标志着萌发期开始。幼苗存活率被定义为存活幼苗和出土幼苗的比率。萌发之后,幼苗通过根系向下生长来获得更多的水分资源和土壤养分,通过向上生长获得更多的空间和光照。因此,我们将幼苗的生长形态特征定义为幼苗的根系长度和幼苗的生长高度。在实验期间,3 周左右幼苗没有明显的生长,标志着实验结束。

表 3.2　沙拐枣、泡泡刺和梭梭种子特征

植物种	科	生活型	千粒种子重量($\pm$SE)(g)	附属物
H. ammodendron	Chenopodiaceae	灌木	3.15$\pm$0.21	果翅
N. sphaerocarpa	Zygophyllaceae	灌木	19.68$\pm$1.05	果球膜
C. mongolicum	Polygonaceae	灌木	66.65$\pm$2.25	果刺

3.3.1.2　实验数据处理

本小节采用双因素方差分析用于检验不同处理和不同植物种间的差异性,检验的主要内容有幼苗出土率、最早萌发天数、幼苗大小和幼苗存活率,显著性水平选择为 5%。由于在 0 cm 沙埋深度下,没有幼苗存活,因此 0 cm 出土幼苗没有计算幼苗形态特征。幼苗出苗率(seedling emergence,SE),存活率(seedling survival rate,SSR)的计算公式如下:.

$$SE=[(N_1\times25)+(N_2\times25)\cdots(N_5\times25)]\times5 \tag{3.1}$$
$$SSR=[(S_1\times N_1)+(S_2\times N_2)\cdots(S_5\times N_5)]\times5 \tag{3.2}$$

式中,N_1,N_2,$\cdots$,N_5 是每一个沙埋处理下,5 个重复的幼苗出土数量,S_1,S_2,$\cdots$,S_5 是每一个沙埋处理下,5 个重复中的幼苗存活数量。

3.3.2　不同沙埋深度下 3 种固沙植被幼苗生长特征

3.3.2.1　幼苗萌发率

在 6 个沙埋处理下,幼苗萌发率同时受到沙埋深度($P<0.0001$)、植物物种($P=0.006$)以及两者共同作用($P<0.0001$)(表 3.3)。在 1 cm 沙埋深度下的种子幼苗萌发率最大,随后随着沙埋深度的增加而下降(图 3.9)。在 0 cm 沙埋下由于高温干燥的原因幼苗出土率不高。对于不同物种而言,泡泡刺的幼苗萌发率要高于其他两种植物,而其他两种植物间差异性不大。对于梭梭而言,在 3 cm 沙埋深度下梭梭幼苗萌发率下降明显,在 5 cm 沙埋深度下没有幼苗萌发出土。对于泡泡刺从 4 cm 开始幼苗萌发率下降明显。

表 3.3　幼苗萌发率、出土时间、幼苗形态特征和存活率的双因素方差分析结果

变异源	df	MS	F	P
幼苗出土率				
沙埋深度	5	1014.496	27.228	<0.0001
植物种	2	209.103	5.612	0.006
沙埋×植物种	10	540.136	14.497	<0.0001
幼苗出土天数				

续表

变异源	df	MS	F	P
沙埋深度	5	87.004	51.583	<0.0001
植物种	2	59.616	35.346	<0.0001
沙埋×植物种	10	14.556	8.630	<0.0001
幼苗地下部分				
沙埋深度	5	121.428	10.366	<0.0001
植物种	2	280.163	23.916	<0.0001
沙埋×植物种	10	7.850	0.670	0.695
幼苗地下部分				
沙埋深度	5	7.717	8.103	<0.0001
植物种	2	680.163	714.171	<0.0001
沙埋×植物种	10	67.914	71.310	<0.0001
幼苗存活率				
沙埋深度	5	8440.918	29.864	<0.0001
植物种	2	977.541	3.459	0.037
沙埋×植物种	10	1775.425	6.282	<0.0001

注:df 代表自由度,MS 代表均方,F 代表 F 统计量,P 代表 Sig 值。

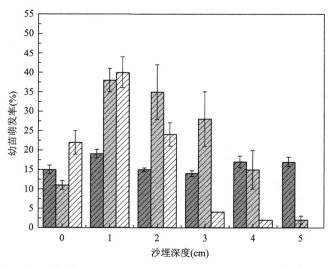

图 3.9　在不同沙埋深度下(0 cm、1 cm、2 cm、3 cm、4 cm、5 cm),沙拐枣、泡泡刺和梭梭的
幼苗萌发率(图中白色柱子代表梭梭,浅灰色柱子代表泡泡刺,深灰色柱子代表沙拐枣)

3.3.2.2　幼苗出土天数

在 6 个沙埋处理下,幼苗出土天数同时受到沙埋深度($P<0.0001$)、植物物种($P<0.0001$)以及两者共同作用($P<0.0001$)(表 3.3)。在浅沙埋下萌发的幼苗出土较早,随着沙埋深度的增加幼苗出土时间增加(图 3.10)。不同植物出土的时间也存在很大的差异。梭梭幼苗出土需要的时间较短,而沙拐枣出土需要的时间最长。

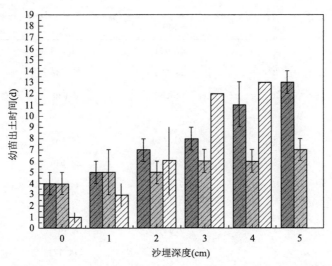

图 3.10　在不同沙埋深度下（0 cm、1 cm、2 cm、3 cm、4 cm、5 cm），沙拐枣、泡泡刺和
梭梭幼苗的出土时间（图中白色柱子代表梭梭，浅灰色柱子代表泡泡刺，深灰色柱子代表沙拐枣）

3.3.2.3　幼苗形态特征

幼苗的形态特征主要包括幼苗的根系长度和幼苗的高度。幼苗根系的生长受到沙埋深度（$P < 0.0001$）、植物物种（$P < 0.0001$）的影响（表 3.3）。幼苗高度受到沙埋深度（$P < 0.0001$）、植物物种（$P < 0.0001$）以及两者共同作用（$P < 0.0001$）（表 3.3）。幼苗根系长度和幼苗高度都会随着沙埋深度的增加而增加，在 5 cm 沙埋深度下达到最大值（图 3.11）。对于不同植物种，沙拐枣个体最大，其次是泡泡刺和梭梭。

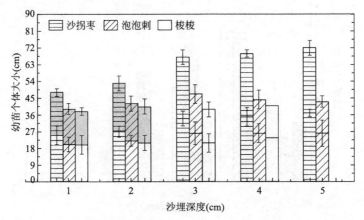

图 3.11　在不同沙埋深度下（0 cm、1 cm、2 cm、3 cm、4 cm、5 cm）
沙拐枣、泡泡刺和梭梭幼苗个体大小

3.3.2.4　幼苗存活率

幼苗存活率受到沙埋深度（$P < 0.0001$）、植物物种（$P = 0.037$）以及两者共同作用（$P < 0.0001$）（表 3.3）。幼苗存活率随着沙埋深度的增加而增加，在 5 cm 沙埋深度下存活率达到最大（图 3.12）。而在 0 cm 出土的幼苗全部死亡。对不同植物种，沙拐枣和泡泡刺的存活率要大于梭梭。

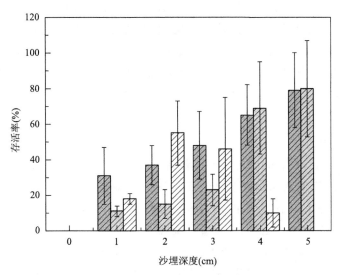

图 3.12　在不同沙埋深度下（0 cm、1 cm、2 cm、3 cm、4 cm、5 cm），沙拐枣、泡泡刺和梭梭幼苗存活率
（图中白色柱子代表梭梭，浅灰色柱子代表泡泡刺，深灰色柱子代表沙拐枣）

3.3.3　沙埋对 3 种固沙植被生长的影响

3.3.3.1　沙埋深度对于幼苗出土的影响

在沙地生态系统，成熟的种子会散布在不同的沙埋深度下，但是由于沙埋深度的不同，只有一小部分种子可以萌发，幼苗出土后只有很少一部分定植成功。作为沙地重要的环境影响因素，沙埋对于幼苗定植既有积极作用也有消极的影响，这主要取决于特定生境下沙埋的深度（Liu et al.，2006）。一般而言，浅沙埋可以刺激种子萌发，主要是由于浅沙埋可以为种子创造一个较为湿润而温和的环境（Baskin，2001；Koornneef et al.，2002）。同时，浅沙埋也有利于种子和幼苗免于受到过高或过低温度的危害。因此大量研究发现，浅沙埋可以促进植物幼苗的出土。例如，Maun 和 Riach 报道沙拂子茅（*Calamovilfa longifolia*）幼苗出土率在 1～2 cm 达到最大（Maun，1981）。Huang 等（2004）发现沙鞭（*Psammochloa villosa*）幼苗在 0.5～2 cm 幼苗出土率达到最大。在本项研究中，我们发现在 1 cm 沙埋深度下，沙拐枣、泡泡刺和梭梭幼苗萌发率达到最大（图 3.9 和表 3.3）。但是，过度的沙埋对于种子萌发有消极的影响，这是由于缺乏足够的氧气、阳光和变温。有些时候即使种子可以在深沙埋下萌发，但由于种子储备的能量太少，在出土之前能量就消耗殆尽，幼苗无法出土（Pierce et al.，1991；Jansen et al.，1995）。因此在超过最佳沙埋深度后，幼苗出土率就会随着沙埋深度的增加而下降（Westoby et al.，1996；Leishman et al.，2000）。在本研究中，梭梭和泡泡刺在 5 cm 沙埋深度下没有出土幼苗（图 3.9）。除了降低幼苗出土率，深沙埋也会延迟幼苗出土的时间。本研究结果表明随着沙埋深度的增加，幼苗出土时间也随之增加（图 3.10 和表 3.3）。这种现象主要是由于在深沙埋下幼苗出土需要消耗更多的能量，花费更多的时间来延长胚轴保证幼苗出土（Chen et al.，1999）。因此，沙埋深度的变化也会对幼苗的形态特征产生影响。在深沙埋下出土的幼苗往往比在浅沙埋下出土的幼苗具有更大的个体（图 3.11 和表 3.3）。在干旱少雨的沙地，深沙埋环境较为湿润，根系容易向下延伸，这对于幼

苗生长有极大的帮助(Dalling et al.,2002;Lortie et al.,2007)。相比于小个体幼苗,个体较大的幼苗可以抵御来自沙地的各种环境胁迫,例如养分物质的缺乏、干旱和高温等(周海燕 等,2005)。个体较大的幼苗往往能成功定植(图 3.11 和图 3.12)。而在沙土表面萌发的幼苗生长缓慢,在第一个生长季就全部死亡(图 3.12)。这些结果表明,深沙埋可能会阻止种子萌发和幼苗的出土,但是一旦幼苗出土后这种沙埋对于幼苗的生长是有积极意义的。

3.3.3.2 植物种间差异

在相同沙埋深度下,泡泡刺幼苗出土率要高于沙拐枣和梭梭(图 3.9)。一般而言,大种子往往有更多的能量来完成从深沙埋下出土,而小种子较难从深沙埋下出土(周海燕 等,2005)。在本项研究中,梭梭种子较小,种子内存储的能量较少,在深沙埋下种子存储能量很难完成幼苗出土(表 3.2 和图 3.10)。但是种子能量不是唯一决定种子萌发后幼苗能否出土的条件,有时环境条件适合种子萌发,但很多大种子由于其自身坚硬不透水的种皮而无法吸收足够的水分从而无法萌发。在本研究中,沙拐枣就是由于种皮坚硬不易透水而导致萌发率较低。在干旱区极端干燥的气候条件下,多数植物种子都有这种特征来保证种子极高的休眠率(Ren et al.,2004),以免种群的灭绝。也有研究发现,沙拐枣种子还可以释放出一种抑制种子萌发的物质(Yu et al.,1997)。基于以上原因,沙拐枣种子休眠率很高,一般在种子萌发期种子休眠率可以达到 70%~90%(Ren et al.,2004)。在本研究中沙拐枣的幼苗出土率很低,在各个沙埋深度下幼苗出土率在 15%~20%(图 3.9)。与其他两种植物不同,泡泡刺种子种皮柔软而单薄,个体较大,不论是黑暗还是有光照的条件下,可以在很大的温度范围内萌发(5~45 ℃)(Li et al.,2008;Lu et al.,2008)。这些特征相比于其他两种植物,使得泡泡刺有更高的萌发率。但从幼苗出土时间考虑,梭梭幼苗出土要早于其他两种植物(图 3.10 和表 3.3)。对于梭梭而言,幼苗出土主要发生在浅沙埋下,它们主要是通过快速萌发占有有利的资源来提升幼苗成功定植的可能性(Grime et al.,1981;Rice et al.,2001)。梭梭快速萌发有利于其拥有更长的幼苗生长期,但是在本研究中我们发现即便有较长的生长期,在相同的沙埋深度下梭梭幼苗个体依然小于其他两种植物(图 3.12 和表 3.3)。本研究发现由于沙拐枣和泡泡刺幼苗个体较大,根系较长,高度较高,因此幼苗萌发以后比梭梭更能够去占有水分、土壤养分、阳光和空间等自然资源。这种现象说明种子大小可能是决定植物幼苗个体大小的一个本质原因(周海燕 等,2005)。Moles 和 Westoby(2004b,2006)研究发现在全球133 种植物幼苗个体和种子大小之间存在显著的正相关关系。在相同沙埋处理下沙拐枣幼苗个体和存活率要高于其他两种植物(图 3.11 和图 3.12)。这与 Moles 和 Westoby 研究的结果相一致。

3.3.3.3 幼苗定植最佳沙埋深度

在沙地生态系统,植物幼苗定植能否成功主要取决于它们对于沙埋的适应能力。对于不同植物种,由于种子的特征差异,适合幼苗定植的最佳沙埋深度有所差异。固沙植被群落演变会受到当地沙埋深度的影响,不同的沙埋深度决定植被群落物种的组成。对于在沙拐枣、泡泡刺和梭梭都有分布的风沙区,浅沙埋有利于梭梭幼苗的定植,梭梭幼苗出土的最佳沙埋深度为1~2 cm,相比较于梭梭,沙拐枣和泡泡刺更能忍受沙埋对于幼苗定植的影响,沙拐枣最佳沙埋深度为 4~5 cm,泡泡刺为 3~4 cm(图 3.13)。

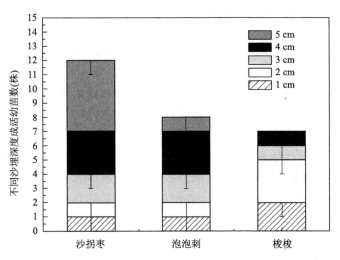

图 3.13　在不同沙埋深度下(0 cm、1 cm、2 cm、3 cm、4 cm、5 cm),沙拐枣、泡泡刺和梭梭幼苗定植数量

3.3.4　小结

在 0~5 cm 沙埋深度范围内,这三种植物,沙拐枣幼苗最能够适应沙埋,最佳沙埋深度为 4~5 cm,在风沙活动强烈,沙埋严重地区,沙拐枣相对于其他两种植物,是较好的固沙植被选择。

3.4　沙埋对一年生草本植物的影响

中国西北干旱半干旱区是世界风沙危害最严重的地区之一,近年来沙漠化土地达到 37.59 万 km²(王涛 等,2011),强烈的风沙使沙埋成为沙区植物生存繁殖的关键影响因素(陈文 等,2015)。风蚀和沙埋通过改变荒漠植物生存的非生物环境(包括光照、温度、土壤水分、养分和氧气含量等)(Maun,1998;王国华 等,2015),从而进一步影响荒漠生态系统植物存活、定植(Muna et al.,1986;Assche et al.,1989),以及群落的结构和功能(Vleeshouwers,1997)。在荒漠风沙地区,一年生草本植物一般为草本层的关键物种(杨磊 等,2010),对防止近地表风蚀和风沙区植被恢复具有重要生态学意义。

目前关于沙埋对荒漠生态系统植物的影响已有较多报道,研究发现沙生植物出苗和生长存在最适沙埋深度,这个最适沙埋深度因植物种类和生境的不同而存在差别(张金峰 等,2018)。例如,1~2 cm 沙埋深度适宜羊草(*Leymus chinensis*)种子出苗和幼苗生长(马红媛 等,2007);2~3 cm 埋深醉马草(*Achnatherum inebrians*)的萌发率、出土率和株高均达到最高(王桔红 等,2010);4.5 cm 埋深时,披碱草(*Elymus dahuricus*)的出苗率最高,幼苗死亡率最低(肖萌 等,2014)。沙埋除了对种子萌发、幼苗生长、发育和存活有影响,也会对植物体内的生理变化造成影响。赵哈林等(2013b)报道了沙米(*Agriophyllum squarrosum*)被沙埋后渗透调节物质含量增加可以有效地减轻植物细胞膜损伤、增强植物对沙埋的适应能力;马洋等(2015)研究发现 2 cm 风蚀和 1/3H 沙埋都会使花花柴(*Karelinia caspica*)幼苗体内丙二醛累积,造成膜损伤从而影响幼苗的生长;周瑞莲等(2015a)通过研究不同沙地的共有沙生植物发现植物体内维持叶片水分和氧自由基代谢平衡可能是其适应沙漠环境生存的重要生理调控机理。但目前关于沙埋对于一年生草本植物的生理和个体形态影响研究还相对较少。

河西走廊地区地势平坦,绿洲主要镶嵌在广袤的沙漠之中,在荒漠绿洲过渡带建立人工固沙植被是防止绿洲荒漠化的关键措施(何志斌 等,2004b;常学礼 等,2012;赵文智 等,2016)。一年生植物层片作为河西走廊荒漠绿洲过渡带人工固沙植被群落中的恒有植物层片(梁存柱等,2003),对荒漠生态系统的稳定和当地畜牧业的生产都有重要作用(王永秋,2016)。狗尾草(*Setaria viridis*)、虎尾草(*Chloris virgata*)、白茎盐生草(*Halogeton arachnoideus*)和雾冰藜(*Bassia dasyphylla*)(简称"4 种草")是广泛分布于河西走廊荒漠绿洲边缘区的典型一年生草本植物优势种,具有耐干旱、抗风蚀、防风固沙的效能,在干旱区生态系统植被恢复过程中起着重要的作用(闫巧玲 等,2007)。本节通过模拟种子处于不同沙埋深度,观测不同沙埋深度下上述 4 种典型一年生草本植物的出苗、生长和繁殖的变化规律,揭示不同沙埋深度对一年生草本植物个体形态与生理的影响,研究结果可以为荒漠绿洲过渡带一年生草本植物恢复提供科学依据。

3.4.1 研究方法

3.4.1.1 试验设计

试验种子于 2018 年 9 月采自甘肃河西走廊中部临泽县中国科学院临泽内陆河流域综合研究站附近。在不同母株上采集成熟完好的种子,采集后的种子处理干净,待自然风干后装入纸袋置于实验室备用(图 3.14)。盆栽试验于 2019 年 5 月 24 日—9 月 17 日在实验室内进行。选取口径 28 cm、高 20 cm 的塑料花盆进行沙埋试验。用尼龙网铺在带有排水孔的花盆底部,既可通气又可阻止沙土漏出。在该花盆中预先装入厚度为 20 cm、19 cm、18 cm、17 cm、15 cm、10 cm、5 cm 的底沙,将 40 粒随机挑选籽粒饱满的狗尾草、虎尾草、白茎盐生草和雾冰藜 4 种种子分盆均匀撒于底沙表面,以 0 cm(无覆盖)、1 cm、2 cm、3 cm、5 cm、10 cm、15 cm 厚的沙层覆盖种子,分别得到 0 cm、1 cm、2 cm、3 cm、5 cm、10 cm、15 cm 的 7 个不同埋深处理,每个处理 3 个重复,共 74 盆。在播撒 0 cm 埋深的种子时,尽量使重心下部分置于沙土中,重心上部分露出表面(李秋艳 等,2006a)。播种后用花洒缓慢浇水,以防止水量过大对浅沙埋种子位置的影响,第一次浇水量以花盆底部刚渗出水为标准。温室白天温度控制在 23 ℃左右,晚上温度保持在 14 ℃左右。出苗后,根据当地 6—9 月的平均降水量,将模拟单次降水强度设计为 5 mm(刘冰,2009)。每 2 d 记录出苗数量,共 59 次;每 4 d 记录 1 次幼苗高度(指沙层表面至幼苗顶端的高度),共 30 次。每天观察种子出苗并记录出苗的种子数,记录持续到连

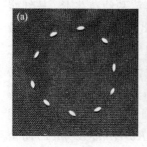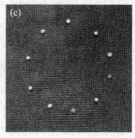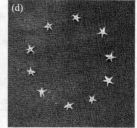

图 3.14 4 种一年生草本植物种子照片

(a)狗尾草;(b)虎尾草;(c)白茎盐生草;(d)雾冰藜

续 14 d 没有种子出苗为止(Pammenter et al.,1984)。试验结束后取样,取样时先用水将盆土充分浸泡,将土壤连同植株轻轻倒出,然后用流水慢慢冲洗,洗净根系上所有附泥,样品迅速带回实验室,放入 4 ℃低温冰箱保存,测定各项指标。

3.4.1.2　指标测定方法

生长指标测定:出苗率是所有出苗种子占沙埋种子数量百分率;株高为植株最高处到地面的垂直距离,用精确到 0.01 cm 的直尺测量;总生物量按鲜重计算,用 1/1000 天平称量;幼苗存活率定义为最终存活幼苗占最大出土幼苗的数量百分率。部分计算公式如下:

$$出苗率 = \frac{出苗种子数}{试验用种子总数} \times 100\% \tag{3.3}$$

$$存活率 = \frac{最终出苗数}{最大出苗数} \times 100\% \tag{3.4}$$

繁殖指标测定:将收集的全部种子于实验室自然晾干至恒重,测定百粒重,并测出单株结种数。

生理指标测定:选取新鲜叶片 0.2 g 用蒽铜比色法测定可溶性糖含量;选取新鲜叶片 0.2 g 用考马斯亮蓝 G-250 染色法测定可溶性蛋白含量;选取新鲜叶片 0.2 g 用茚三酮显色法测定游离脯氨酸含量;选取新鲜叶片 0.2 g 用硫代巴比妥酸法测定丙二醛(MDA)含量;选取新鲜叶片 0.1 g 用 80%丙酮法测定叶绿素含量(张志良 等,2009)。以上指标均重复 3 次,取平均值。

3.4.1.3　数据处理

实验数据分析采用 SPSS21.0,通过单因素方差分析(One-Way ANOVA)和最小显著差异法(LSD)在 95%的置信水平上,用 Duncan 显著性检验方法比较不同沙埋深度处理下种子出苗的差异性。文中图均利用 Origin8.0 软件完成。因 15 cm 沙埋深度 4 种植物均未出苗,所以图中未体现。

3.4.2　不同沙埋深度下 4 种一年生草本植物生长、繁殖、叶片特征

3.4.2.1　沙埋对一年生草本植物出苗率、生长和存活率的影响

(1)出苗率

随着沙埋深度的增加,4 种一年生草本植物出苗率差异水平显著($P<0.05$)。狗尾草和白茎盐生草出苗率总体呈降低趋势,0 cm 出苗率最高,分别为 17.5%和 32.5%;虎尾草和雾冰藜呈先升高、后降低的趋势,出苗率在 1 cm 达到最高,分别为 45.8%和 20%;3 cm 后 4 种一年生草本植物出苗率显著降低,均达到最低水平,出苗率保持在 4%上下,且差异不显著(图 3.15a)。

(2)生长(株高和总生物量)

随着沙埋深度的增加,4 种一年生草本植物株高呈先增高后降低的趋势,狗尾草、虎尾草和雾冰藜最高出现在 3 cm(分别为 23.6 cm、29.1 cm、34.1 cm);白茎盐生草最高位于 2 cm(14.0 cm),之后随着埋深的增加株高降低。其中雾冰藜在 0~3 cm 株高位于 29~35 cm 出苗之间,差异不显著,5 cm 时显著降低(图 3.15 b)。

随着沙埋深度的增加,虎尾草、白茎盐生草和雾冰藜 3 种植物总生物量差异显著($P<0.05$),大致呈先增高、后降低的趋势:狗尾草、虎尾草和雾冰藜在 3 cm 处达到峰值(分别为 3.6 g、4.6 g、2.7 g);白茎盐生草在 2 cm 处总生物量最高(2.6 g),3 cm 后逐渐降低(图 3.15 c)。

（3）存活率

随着沙埋深度的增加，4种一年生草本植物存活率在0～3 cm埋深差异不显著，变化成波动趋势，但在5 cm虎尾草和雾冰藜显著降低（$P<0.05$），其中雾冰藜在3 cm的存活率达到最大（100%）。白茎盐生草大致呈上升趋势，在3 cm达到峰值（83.3%）狗尾草存活率总体先下降后上升，在10 cm处达到最大（88.9%）（图3.15 d）。

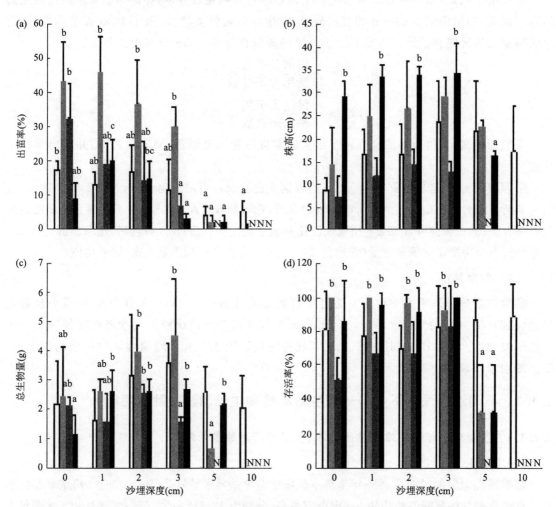

图3.15　不同沙埋深度下4种一年生草本植物（狗尾草、虎尾草、白茎盐生草、雾冰藜）出苗率、株高、
总生物量和存活率（狗尾草为白色柱；虎尾草为灰色柱；白茎盐生草为深灰色柱；雾冰藜为黑色柱。
不同字母代表同种植物不同沙埋深度差异显著。N代表没有出苗）

3.4.2.2　沙埋对一年生草本植物繁殖（种子质量和数量）的影响

随着沙埋深度的增加，3种一年生草本植物种子质量（百粒重）和数量（结种量）差异显著（$P<0.05$）（表3.4），均呈先升高、后降低的趋势：狗尾草的百粒重和结种量在0～2 cm大致呈上升趋势，3 cm显著增高（$P<0.05$），达到峰值（41.9 mg±10.5 mg和115.6 mg±33.4 mg），5～10 cm呈降低趋势；虎尾草的百粒重在0～3 cm呈上升趋势，3 cm达到峰值（36.5 mg±5.7 mg），5 cm降低，结种量在0～2 cm呈上升趋势，2 cm达到峰值（410.8 mg±54.1 mg），3～5 cm显著降低（$P<0.05$）；雾冰藜的百粒重和结种量在0～2 cm呈上升趋势，2 cm达到峰

值(71.5 mg±21.8 mg 和 174.2 mg±37.4 mg),3 cm 开始呈降低趋势。

表 3.4　不同沙埋深度下 4 种一年生草本植物的繁殖体质量(百粒重)和数量(结种量)

所属科	植物种	生活型	沙埋深度 (cm)	百粒重 (mg)	结种量 (mean±S. D.)
禾本科 *Gramineae*	狗尾草 *Setaria viridis*	AH	0	20.0±5.4[a]	38.7±10.4[a]
			1	26.9±5.3[a]	75.8±23.1[ab]
			2	22.6±7.9[a]	109.7±32.9[b]
			3	41.9±10.5[b]	115.6±33.4[b]
			5	24.7±2.4[a]	108.9±21.3[b]
			10	19.6±6.8[a]	105.8±36.6[b]
	虎尾草 *Chloris virgata*	AH	0	12.0±3.1[a]	170.8±44.4[b]
			1	30.9±7.0[bc]	214.2±48.7[b]
			2	27.2±9.3[bc]	410.8±54.1[c]
			3	36.5±5.7[c]	366.2±57.7[c]
			5	20.0±3.5[ab]	32.0±5.5[a]
藜科 *Chenopodiaceae*	白茎盐生草 *Halogeton arachnoideus*	AH	0	—	—
			1	—	—
			2	—	—
			3	—	—
	雾冰藜 *Bassia dasyphylla*	AH	0	42.9±14.6[ab]	11.7±4.7[a]
			1	67.4±13.1[b]	56.6±19.4[b]
			2	71.5±21.8[b]	174.2±37.4[c]
			3	63.7±17.6[ab]	69.8±20.2[b]
			5	35.2±6.1[a]	66.0±11.4[b]

注:AH 为一年生植物;a、b、c 表示同一物种指标在不同沙埋深度处理间差异显著($P<0.05$)。

3.4.2.3　沙埋对一年生草本植物渗透调节物质、丙二醛(MDA)和叶绿素含量的影响

(1)渗透调节物质(可溶性糖、可溶性蛋白和游离脯氨酸)

随着沙埋深度的增加,狗尾草和雾冰藜的可溶性糖含量差异水平显著($P<0.05$)。狗尾草、虎尾草和白茎盐生草的可溶性糖含量大致呈先增加后降低的趋势,而雾冰藜 0 cm 处含量较高,自 1 cm 后也呈先增加后降低的趋势,其中虎尾草和雾冰藜在 3 cm 处最高(12.6 mg/g 和 23.0 mg/g),虎尾草和白茎盐生草在 2cm 处最高(12.6 mg/g 和 6.9 mg/g),且白茎盐生草差异不显著,始终维持在 5 mg/g 上下(图 3.16 a)。

随着沙埋深度的增加,4 种一年生草本植物可溶性蛋白含量差异显著($P<0.05$)。狗尾草和雾冰藜呈波动趋势变化,其最高值均位于 3 cm 处(12.3 mg/g 和 19.8 mg/g),3 cm 以上埋深又开始下降;虎尾草呈上升趋势,3 cm 到达峰值(15.6 mg/g);白茎盐生草呈先上升后下降的趋势,2 cm 处达到峰值(9.5 mg/g)(图 3.16 b)。

随着沙埋深度的增加,狗尾草、虎尾草和雾冰藜差异显著($P<0.05$)。除狗尾草呈波动变化外,其余 3 种植物都呈先上升后下降的趋势。狗尾草和白茎盐生草最高值位于 3 cm(0.19

μg/g 和 0.06 μg/g);虎尾草和雾冰藜最高值位于 2 cm(0.17 μg/g 和 0.21 μg/g),且白茎盐生草差异不显著,保持在 0.05 μg/g 上下(图 3.16 c)。

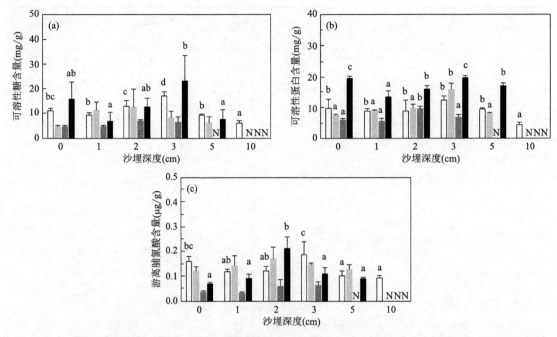

图 3.16 不同沙埋深度对 4 种一年生草本植物(狗尾草、虎尾草、白茎盐生草、雾冰藜)叶片的可溶性糖、可溶性蛋白和游离脯氨酸的变化(狗尾草为白色柱;虎尾草为灰色柱;白茎盐生草为深灰色柱;雾冰藜为黑色柱。不同字母代表同种植物不同沙埋深度差异显著,无对应字母表示差异不显著。N 代表没有出苗)

(2)丙二醛(MDA)

随着沙埋深度的增加,狗尾草和虎尾草的 MDA 含量差异显著(P<0.05),狗尾草和虎尾草呈波动趋势变化,狗尾草在 3 cm 达到最高值(0.06 μmol/gFW),虎尾草在 5 cm 处达到最高(0.02 μmol/gFW);白茎盐生草和雾冰藜在 0~3 cm 都维持在较低水平(0.008~0.02 μmol/gFW 间),白茎盐生草最高位于 2 cm(0.01 μmol/gFW),雾冰藜在 5 cm 处达到峰值(0.049 μmol/gFW)(图 3.17)。

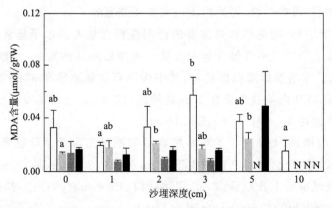

图 3.17 不同沙埋深度对 4 种一年生草本植物(狗尾草、虎尾草、白茎盐生草、雾冰藜)叶片丙二醛(MDA)含量的变化(狗尾草为白色柱;虎尾草为灰色柱;白茎盐生草为深灰色柱;雾冰藜为黑色柱。不同字母代表同种植物不同沙埋深度差异显著,无对应字母表示差异不显著。N 代表没有出苗)

（3）叶绿素

随着沙埋深度的增加，狗尾草、虎尾草和白茎盐生草的叶绿素含量差异显著（$P<0.05$）。4 种一年生草本植物大致均呈先上升后下降的趋势：除狗尾草最高值位于 2 cm（0.58 mg/g）之外，其余三种植物均在 1 cm 处达到最高值（虎尾草 0.50 mg/g，白茎盐生草 0.29 mg/g，雾冰藜 0.45 mg/g）（图 3.18）。

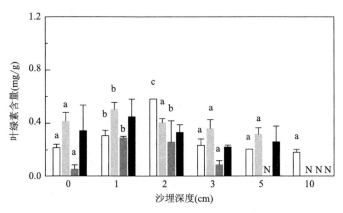

图 3.18　不同沙埋深度对 4 种一年生草本植物（狗尾草、虎尾草、白茎盐生草、雾冰藜）叶片叶绿素含量的变化（狗尾草为白色柱；虎尾草为灰色柱；白茎盐生草为深灰色柱；雾冰藜为黑色柱。不同字母代表同种植物不同沙埋深度差异显著，无对应字母表示差异不显著。N 代表没有出苗，下同）

3.4.3　沙埋对一年生草本植物出苗、繁殖和生理的影响

3.4.3.1　沙埋对于出苗的影响

本研究表明，一年生草本植物在 0～1 cm 出苗较好，而 1 cm 以上（2 cm、3 cm、5 cm、10 cm）出苗率呈下降趋势（图 3.15a）。Evenari 等（1976）表示荒漠植物种子萌发依赖的最重要的环境因素是降雨频率和雨量。在干旱荒漠地区，降水主要以小降水（<5 mm）为主，一次有效降水之后伴随的是较长时间的干旱，小降水使 0～1 cm 土壤水分最先得到补给，而一年生草本植物种子小，萌发需水量低（Carol et al.，2014），可以快速抓住小降水时机迅速萌发，促使幼苗尽早定居；再者，温度影响着无休眠种子的萌发速度，对种子萌发有促进作用（Baskin et al.，1985）。0～1 cm 土壤受昼夜地温影响变化大，种子更容易打破休眠（闫巧玲 等，2007）加快植物的萌发。本研究还发现不同一年生草本植物出苗最大沙埋深度差异明显，例如，狗尾草最大出苗深度为 10 cm；虎尾草和雾冰藜为 5 cm；而白茎盐生草只有 3 cm。由于狗尾草较其他 3 种一年生草本植物种子更大，有更多的营养条件供给胚芽突破沙土的阻力，这可能是狗尾草抗沙埋能力强于其他 3 种植物的主要原因。但对于其他 3 种一年生草本植物来说，沙埋过深虽然能保证种子萌发所需的水分和温度，却增大了种子发芽和出苗时的阻力，加上深层土壤氧气交换差、CO_2 浓度高等原因迫使种子休眠，从而表现出推迟萌发的特征，这是植物在不逆境中形成的一种有效的风险分摊策略和物种进化对策（刘志民，2010）。说明沙漠环境下一年生草本植物出苗对沙埋的适应是有一定的阈值范围的，超过最适沙埋阈值范围，出苗就会受到抑制，这个阈值范围由种子本身内在特征和外部环境共同决定（张金峰 等，2018），是植物长期生态适应的结果。

3.4.3.2 沙埋对于成长和繁殖的影响

本研究表明,在浅沙埋(2～3 cm)4 种一年生草本植物的生长达到最优(株高和总生物量达到最大值)(图 3.15b、c)。这与王桔红等(2010)研究的草本植物醉马草幼苗株高和生物量的适宜沙埋深度基本一致。这主要是由于浅沙埋下,植物种子受到夏季高温和干旱的影响较土壤表层(0 cm)小,减少了强光照对新幼苗的损害,有助于幼苗根系向下生长(薛海霞 等,2016);除此之外,一定的沙埋可减轻风力作用对幼苗的危害,并促进植物分枝生物量的积累(王文娟 等,2011)。在风蚀条件下(0 cm),荒漠一年生草本植物易受高温、干旱胁迫,抑制植物的生长;而过度沙埋(3 cm 以上)限制萌发及幼苗出土,幼苗需要将更多种子胚乳中的淀粉和蛋白质等有机物质分配给地下部分,便于植物快速吸收土壤水分和矿物质,使幼苗迅速生长,以保证幼苗出土(Freas et al.,1983;温都日呼 等,2015)。同时我们还发现,虎尾草和雾冰藜在 5 cm 埋深存活率显著降低($P < 0.05$)。有研究表明,植物是一个功能平衡体,各功能单位的大小与整个植株是相互协调的,所需的地上部和地下部所占的生物量是有一定比例的,比例失调会对植物的正常生长不利。当一年生植物将有限的资源过多用于地下部生长时,用于地上部生长的资源会相应减少,加之虎尾草、白茎盐生草和雾冰藜抗沙埋能力低于狗尾草,最终导致存活率降低和植株死亡(图 3.15 d)。

植物的繁殖在其演替过程中起着承上启下的作用,是物种能否适应生境的关键因素。本研究发现,在浅沙埋(2～3 cm)狗尾草、虎尾草和雾冰藜的繁殖体质量和数量达到最大值(表3.4)。这与 Bullock(1996)发现的土壤 2～3 cm 深度处活性种子对于地上植物群落的自然更新贡献最大的结论一致。一般而言,植物的繁殖输出随营养器官生物量的增大而增加(Weiner,1988),2～3 cm 一年生草本植物株高和生物量最大,植物截获资源的面积增大,光合能力最强,为繁殖提供充足的能量。这些结果暗示浅沙埋(2～3 cm)生长环境下更有利于一年生草本植物生长和繁殖,对于一年生草本植物种群的延续、更新有着重要意义。

3.4.3.3 沙埋对于生理的影响

许多高等植物在受到逆境胁迫时,会对外界产生防御反应,能积累大量渗透调节物质,从而保证组织水势下降时细胞膨压得以尽量维持,进而保证生理代谢活动的正常进行,它是植物适应干旱、防治细胞组织脱水、提高水分利用率的重要生理机制之一(赵哈林 等,2013b;路之娟 等,2018)。本研究中,4 种一年生草本植物渗透调节物质含量的高值区位于 2～3 cm(图3.16)。在荒漠区,植物的叶片对环境胁迫的抵抗发挥着重要作用(郐亚栋,2018)。2～3 cm株高和总生物量最大,为渗透调节物质的增加提供了物质条件,而渗透调节物质的增加又防止了细胞的脱水,提高了水分的利用率。即形态上总生物量与生理上渗透调节物质的积累形成了一种良性循环关系,共同促进植株的生长发育。

有研究表明,渗透调节物质还可通过维持气孔开放来保证光合作用的正常进行,达到维持较高光合速率的作用(李合生,2002;赵哈林 等,2013c)。在本研究中,4 种一年生草本植物叶绿素含量高值位于 1～2 cm,2 cm 后呈下降趋势,而 3 cm 处仍处于渗透调节物质的高值区,得以保证了植物的生长,为叶绿素的降低起到了一定的弥补作用。可见,生长在沙漠环境的一年生草本植物在对干旱环境的适应中具有很强的水分调节能力和抗旱性,这与其较高的渗透调节能力是分不开的。

本研究发现,4 种一年生草本植物的 MDA 高值主要位于 3～5 cm(图 3.17)。MDA 是膜脂过氧化的重要产物,当植物受到逆境胁迫时,细胞内氧自由基会大量积累,使膜脂脂肪酸中的不饱和键被过氧化形成丙二醛,这是造成细胞膜损伤,导致细胞死亡的重要原因之一(李合生,2002;赵哈林 等,2004b)。所以 3 cm 以上埋深,狗尾草和雾冰藜 MDA 明显升高,细胞膜损坏严重,导致存活率降低。这与赵哈林等(2013a,2013b)关于沙埋对沙米、沙蓬(*Agriophyllumsquarrosum*)和盐蒿(*Artemisia halodendron*)生理影响的研究结果一致。

本研究还发现,狗尾草在 3 cm 及之后 MDA 含量较大,但其生长(株高和总生物量)和存活并没有大幅度降低,存活率仍能维持较高水平。这可能是由于狗尾草叶片是条形叶并具有纵列平行脉序,具有较强的保水和散热能力,使这种植物在日间叶片不易遭受水分亏缺,且叶片可起到输导作用,维持根到叶片水分和养分连通体系(周瑞莲 等,2015b),使地下根吸收的水分可传输至叶片,地上叶片光合作用的产物也可传输至根部,以维持植株的持续生长。因此狗尾草可利用其独特特征维持氧自由基代谢平衡而减少细胞膜损伤,抵抗 MDA 的升高带来的危害,这可能是其适应沙漠干旱胁迫的重要环节。这些结果表明,一年生草本植物维持叶片水分和氧自由基代谢平衡可能是其适应沙漠环境生存的重要生理调控机理。另外,虎尾草在适宜的沙埋深度(3 cm)结种量高于其余植物 2~3 倍,这表明在相同环境下,狗尾草的生存能力与狐尾草的繁殖能力更强,可依靠其强大适应能力占据有利生境,使之成为极端环境的开拓者,是荒漠化防治与植被恢复的先锋植物。

3.4.4　小结

本研究发现,4 种一年生草本植物在 0~1 cm 沙埋出苗率最高,在出苗后的生长和繁殖阶段,2~3 cm 埋深最优。其原因在于 2~3 cm 渗透调节物质的积累不仅维持了细胞膨压,防止了细胞的脱水,还维持了气孔开放,提高了光合速率,弥补了叶绿素含量。3~5 cm 埋深 MDA 的增加是造成虎尾草和雾冰藜细胞膜损伤进而存活率下降的重要原因,而狗尾草存活率仍保持较高水平,原因在于其独特的形态特征可提高保水力来维持氧自由基代谢平衡。

第4章 荒漠绿洲过渡带固沙植被优势类群对非生物胁迫的响应机制

4.1 不同年限雨养梭梭对土壤水分变化的响应机制

干旱地区约占全球整个陆地面积的30%，涉及全球近20多个国家，是陆地生态系统重要的组成部分（赵文智 等，2017）。我国干旱地区主要包括分布在35°N以北、106°E以西的内陆河流域，这些地区一个显著的地理特征是形状和大小各异的天然或人工绿洲沿河流发育，在广袤的荒漠中呈斑块状或带状分布（Su et al.，2010）。近50年来，随着我国西北地区人口快速增加，绿洲边缘天然灌木林地和草地被大面积开垦，绿洲扩张严重，荒漠与绿洲之间过渡带严重萎缩，绿洲边缘人工固沙植被种植面积在荒漠边缘不断扩展（何志斌 等，2011）。然而，由于远离河流，种植密度过大，加之干旱荒漠地区降水稀少且时空分布极其不均，干旱引起的土壤水分亏缺导致种植后期人工林普遍出现退化现象（Li et al.，2004b）。并且在目前全球气候变化的背景下，北半球干旱地区可能会发生更多、更严重的极端强降水事件（Allen，2011；Trenberth，2011），年内、年际间的降水波动将更为频繁，区域降水不平衡和水资源短缺的局面也将更加严峻（Xu et al.，2010；Min et al.，2011），特别是对于降水稀少、植被稀疏、生态环境相对脆弱的干旱荒漠生态系统（慈龙骏，2011），尽管荒漠植物在长期进化过程中已形成一系列生态适应策略（Tadey et al.，2009），但剧烈的降水或环境变化仍然有可能导致植物生理或个体形态的不适应改变，影响植物的正常生理活动和生长，种群适合度下降，尤其对于人工种植的雨养固沙植物类群，区域性灭绝的风险极大增加。

梭梭（*Haloxylon ammodendron*）作为藜科（*Chenopodiaceae*）、梭梭属（*Haloxylon* Bge）多年生小乔木，超旱生、耐盐、抗风蚀，是一种十分优良的防风固沙植物，在中亚地区和我国西北干旱荒漠、半荒漠地区自然分布极广（刘瑛心，1985）。作为固沙造林的先锋植物种，梭梭在我国西北荒漠地区种植面积非常庞大，仅仅在阿拉善地区，"蚂蚁森林"就计划种植一亿棵梭梭。然而近几十年来，在西北干旱荒漠地区，例如，新疆维吾尔自治区甘家湖梭梭国家自然保护区（马婕 等，2012）、古尔班通古特沙漠（李中赫 等，2018）、甘肃省张掖（Yu et al.，2018）和民勤（丁爱强 等，2018）绿洲边缘等，天然梭梭和人工种植梭梭都出现大面积衰退和死亡的现象（马全林 等，2006），生理和生长形态变化及其对梭梭生长适合度敏感性影响一直被视为是其脆弱性评估的重要指标，也一直是梭梭研究关注的焦点问题之一。

近年来，学者们主要从梭梭抗旱性（昝丹丹 等，2017）、盐旱胁迫（李宏 等，2011）、种子萌发特性（吕朝燕，等，2016）、梭梭幼苗存活（田媛 等，2010）、梭梭生理特征与环境的关系（鞠强 等，2005），以及梭梭的光合水分关系（苏培玺 等，2006）等方面开展了大量研究，为揭示梭梭生存和退化机制以及群落稳定性提供了大量依据。例如，李彦、许皓等（许皓 等，2007；李彦 等，2008；Xu et al.，2006）研究发现，梭梭主要利用浅层土壤水分维持生长和存活，许强等（2013）通过研究梭梭不同生长阶段的分支特征，认为梭梭主要通过形态建成改变来适应环境胁迫；田媛等(2014)研究梭梭种子萌发到梭梭定居的过程,表明梭梭个体形态调整对其幼苗生长存活至关重要;赵文智(2018)等从不同年限的梭梭种群尺度说明了梭梭种群的适应性演变特征;周海等(2017)发现梭梭根系空间分布有显著的二态性特征:梭梭具有广泛分布的表层和浅层根系,能够大量吸收由降水和凝结水补给的浅层土壤水分;同时梭梭具有发达的主根系,在地下水较浅的生境下可以利用地下水来满足植物的水分生理需求;王亚婷等(2009)研究表明,梭梭对 5 mm 小降水没有明显的生理响应;而吴玉等(2013)对 1 mm 单次降水对梭梭影响的研究发现,梭梭可以间接利用小降水。以上研究认为,梭梭通过较强的气孔控制机制和个体形态调节来适应干旱、盐分等胁迫环境。但是,关于梭梭的生理和个体适应机制也存在不同的观点和认识,这可能与梭梭的林龄、具体生境差异有关。同时,植物对干旱的适应过程是一个连续长期的过程。然而迄今为止,尚未有研究系统论述梭梭退化死亡原因及其与环境胁迫因素的潜在关系,也并未充分考虑不同生境下或不同生长阶段植物生理特性与适应对策之间、生理特征与个体形态之间的复杂联系。

河西走廊地处我国内陆干旱荒漠地区,气候干燥,风沙活动强烈,生态环境脆弱,是我国西北主要的粮食生产地区,同时也是风沙活动危害最为严重和建立防风固沙生态屏障的重点区域(张立运,2002)。多年来为了有效遏制风沙危害,该地区开展了一系列以人工植被建设为主要生态修复措施的生态建设工程,有效促进了局地生境恢复(盛晋华 等,2004)。梭梭作为当地关键的人工固沙植被建群种,种植面积最大,分布范围最广,是维持和保护河西走廊荒漠绿洲稳定的关键植被。近 50 年来,随着绿洲面积不断扩张,荒漠绿洲过渡带的人工梭梭生境破碎化严重,梭梭出现退化、死亡以及种群无法天然更新的问题,这直接影响了人工固沙林防风固沙可持续性和绿洲边缘区风沙区生态恢复(王国华 等,2015)。但目前对于人工梭梭林连续长期观测数据较少,对不同种植年限梭梭生理和生长特征及其与主导制约因素(土壤水分)的关系还并不清楚,这不仅影响固沙植被实践的开展,也是荒漠生态系统生态水文研究的知识缺陷。本节拟通过在 5 a、10 a、20 a、30 a 和 40 a 固沙梭梭林地调查取样,还原一个长时间序列的梭梭人工林的土壤和植被变化过程,分析不同种植年限梭梭不同土壤水分条件下梭梭的生理和形态特征,并阐明梭梭生理和个体形态对不同水平土壤干旱的适应机制,研究结果有助于更加准确地预测土壤干旱对荒漠绿洲过渡带人工固沙植被的潜在影响。

4.1.1　研究方法

4.1.1.1　调查取样

植被调查于 2019 年 7—9 月进行,在种植 5 a、10 a、20 a、30 a 和 40 a 的典型梭梭林内选择 3 个典型梭梭种植样点作为植物和土壤取样点,同时,在未栽种梭梭的流动沙地作为对照样点(0 a)。由于梭梭都栽种在流动沙地,因此林地内土壤质地、结构和养分基本一致。取样方法采用巢式取样法,即在不同种植年限梭梭林,每个样点设置 3 个 $25 \times 25 \ m^2$ 的样方,样方位置均为平坦沙地,且每个灌木样方之间的距离大于 20 m。在每个样方内,各选 5 株长势、高度和冠幅接近于样方内平均水平的林内植株,同时避免边缘效应,摘取每株梭梭的新叶(即绿叶)与老叶(即黄叶),保证叶片足量,且上中下部位的叶子均匀采集(从 20 a 开始新叶即绿叶主要集中在梭梭上部,老叶即黄叶集中在梭梭的下部,图 4.1);不同种植年限梭梭的根系调查主要通过挖土法完成,选择 5 株冠幅、高度接近于样方平均高度的梭梭植株来取样,在植株茎干附近分层提取,每层深度为 10 cm,提取两次取到 20 cm。取样后筛出健康的毛细根,用游标卡尺测量。将新鲜叶片(新叶和老叶)和毛细根均匀保存在铺有干冰的泡沫保温箱内,以备实验室测定叶片和根系各项生理指标。记录取样梭梭植株个体的株高、冠幅、基茎、叶片生物量和枯枝比例。生物量采用烘干法测定,即将取回的植物样品放入定温 80 ℃的烘干箱内烘干 48 h,直到生物量没有变化为止。

图 4.1　不同种植年限的梭梭生长状态(a、b、c、d、e 分别为 5 a、10 a、20 a、30 a 和 40 a 梭梭;
新叶即绿叶,主要集中在梭梭植株上部,老叶即黄叶,主要集中在梭梭植株下部;
从 30 a 梭梭枯枝落叶明显增加,40 a 梭梭生物量明显减少)

4.1.1.2　土壤水分测定与植物样品测定

在 5 a、10 a、20 a、30 a 和 40 a 梭梭林内选择 3 个典型梭梭定位样点,在梭梭植株茎干 10 cm 左右用土钻取不同土壤深度 20~40 cm、100~120 cm 和 180~200 cm 土壤,放入铝盒,然后将铝盒带回实验室立即称重,在 105 ℃恒温箱内烘干 24 h,移到干燥器内冷却至室温,称重,通过计算得到土壤水分含量,同时,在流动沙丘取样作为对照(0 a),并结合中国科学院临泽内陆河流域观测站对 20 a 梭梭林龄固定监测样点连续 10 a 土壤水分监测,还原 0~40 a 人工梭梭林土壤水分基本状况。

梭梭叶片(新叶和老叶)生理指标测定:选取植物上部和下部枝条上的叶片,立即称量新鲜样品 0.1 g,剪碎,用 95％乙醇和 80％丙酮(1:1)混合溶液室温黑暗浸提 24 h 直接测量,提取液分别在波长 663 nm 和 645 nm 下测定吸光度,通过 Lambert-Bee 定律计算出提取液中叶绿素 a、b 含量的浓度(mg/g);叶片(新叶和老叶)渗透调节物质指标用蒽酮比色法测定可溶性糖含量;用考马斯亮蓝 G-250 法测定可溶性蛋白含量;用茚三酮显色法测定脯氨酸含量;采用硫代巴比妥酸法测定丙二醛(MDA)含量;根系生理指标测定:用 TTC 法测定 0~10 cm 和 10~20 cm 毛细根的根系活力。

4.1.1.3　数据处理与分析

实验数据分析采 SPSS21 软件进行数据整理和分析,通过在 One-Way ANOVA 在 95％的置信水平上,采用 Duncan 法进行显著检验。文中所有图均利用 Origin8 软件完成。

4.1.2　不同年限梭梭土壤水分和植被特征变化

4.1.2.1　不同年限梭梭林土壤水分变化

随着梭梭种植年限的增加,沙土浅层 20～40 cm 土壤水分呈波动状态,土壤水分含量保持在 2%～3%;而在 100～120 cm 和 180～200 cm,土壤水分在前期(0～20 a)基本保持在 3%～4%,而从 30～40 a 开始土壤水分下降到只有 1%～2%,并且保持低含水量稳定状态(图 4.2)。

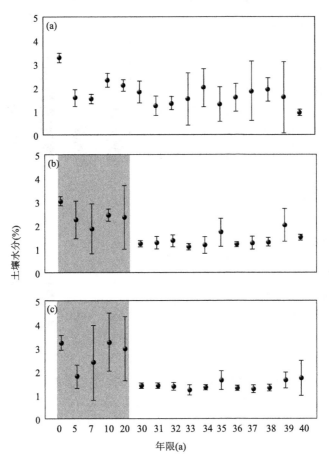

图 4.2　不同种植年限梭梭林不同土壤深度 20～40 cm(a),100～120 cm(b)
和 180～200 cm(c)土壤水分变化

4.1.2.2　不同年限梭梭叶片和根系生理特征

(1)叶片渗透调节物质含量变化

不同年限梭梭叶片(新叶和老叶)的渗透调节物质可溶性糖和可溶性蛋白含量差异显著;可溶性糖和可溶性蛋白含量从 5～20 a 含量较低,而在 30～40 a 时含量较高(图 4.3 a、b、c、d)。游离脯氨酸含量变化未达到显著水平,但也呈现和其他两种渗透调节物质相类似的结果,在 20～40 a 时含量处于高值(图 4.3 e、f)。同时,我们发现在 0～40 a 限中新叶的渗透调节物质含量要普遍低于老叶(图 4.3)。

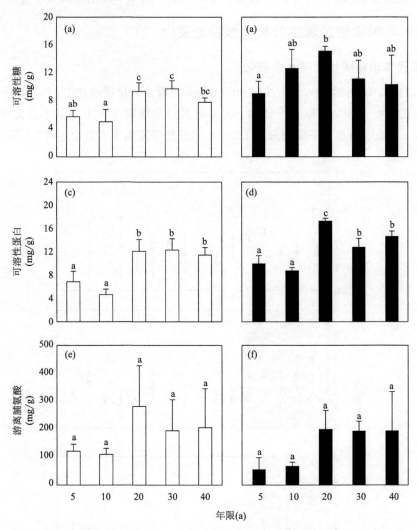

图 4.3　不同种植年限梭梭新叶(即绿叶,白色柱)和老叶(即黄叶,黑色柱)叶片中可溶性糖(a,b)、
可溶性蛋白(c,d)和游离脯氨酸(e,f)含量变化(平均值±标准误差;柱状上方 a、b、c 代表叶片
在不同年限的差异显著,$P<0.05$)

(2)叶片丙二醛含量变化

不同年限梭梭新叶丙二醛含量远远低于老叶含量,新叶丙二醛含量基本保持在 0.010 μmol/g,而老叶除了在 20 a 保持在较低水平,其他年限梭梭老叶丙二醛含量基本在 0.016～0.020 μmol/g(图 4.4)。

(3)叶片叶绿素含量变化

不同年限梭梭新叶叶绿素含量远远高于老叶含量,新叶总叶绿素含量保持在 400～600 mg/g,而老叶总叶绿素含量低于 100 mg/g。同时,新叶叶绿素 a、b 和总含量都随着种植年限的增加而呈现显著的增加,而老叶叶绿素含量都保持在较低的水平,没有显著变化(图 4.5)。

(4)根系活力含量变化

不同年限梭梭,0～10 cm 土壤深度的根系活力存在显著差异($P<0.05$),根系活力的变化趋势近似抛物线型:5～20 a 间整体是增加的趋势,20 a 时梭梭的根系活力达到了最大

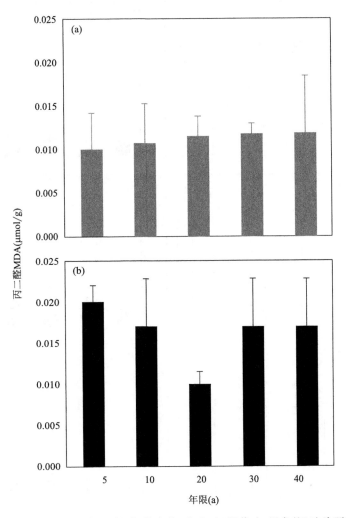

图 4.4　不同种植年限梭梭新叶(即绿叶,白色柱)和老叶(即黄叶,黑色柱)叶片丙二醛含量变化

值(为 8.51 mg/g),30~40 a 逐年下降,40 a 时根系活力最低(1.20 mg/g)(图 4.6a);10~20 cm 土壤深度的根系活力变化幅度较小,5~20 a 相对来说是高值区,10 a 时达到最大值(为 3.42 mg/g),30~40 a 是低值区(图 4.6b)。

4.1.2.3　不同年限梭梭个体生物量和形态变化

(1)个体生物量

单株梭梭新叶老叶总生物量的变化趋势是:先增加后减少,5~30 a 不断增加,在 20~30 a 时达到最大值(588 g),40 a 时迅速下降,在 40 a 时叶片总生物量最低(为 218 g)。单株新叶生物量在 5~30 a 逐年上升,在 20~30 a 时达到了最大值(为 205 g),到 40 a 时迅速下降到了最低值(为 56 g);单株老叶生物量在 5~30 a 持续上升,30 a 时达到了峰值(401 g),在 40 a 时下降到了最低值(163 g)(图 4.7a)。单株梭梭枝条生物量的变化呈现先增加后减少的趋势,5~20 a 间不断上升,5 a 时生物量最小,在 20 a 时达到了最大值,20~40 a 阶梯式下降(图 4.7b);单株梭梭茎干生物量的变化趋势也是:先上升后下降,5~30 a 间呈现不断上升的趋势,5 a 时生物量最小(85 g),在达到 20~30 a 限时快速生长,茎干乔木化,30 a 时生物量达到了最大值

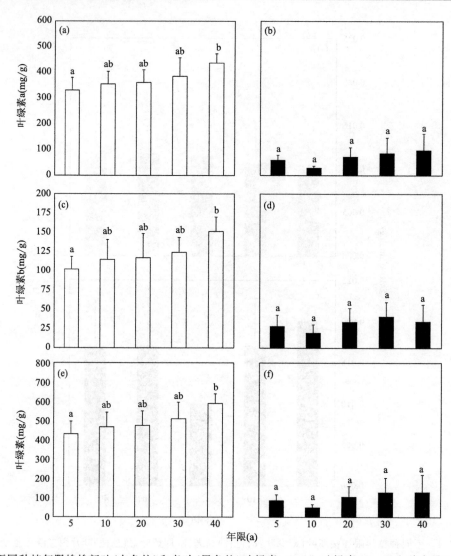

图 4.5　不同种植年限梭梭新叶（白色柱）和老叶（黑色柱）叶绿素 a（a、b）、叶绿素 b（c、d）和总含量（e、f）的变化

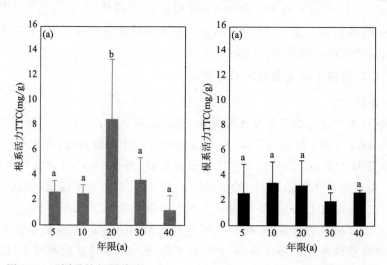

图 4.6　不同种植年限梭梭 0～10 cm（a）和 10～20 cm（b）根系活力的变化

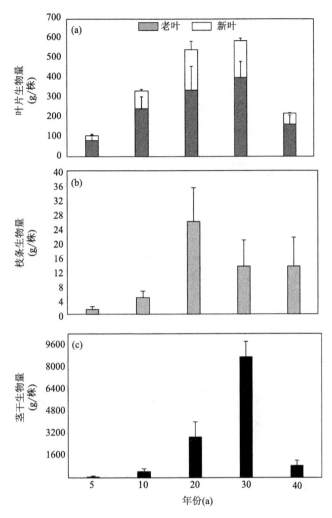

图 4.7　不同年限梭梭叶片(a)、枝条(b)、茎干(c)的单株生物量(平均值±标准误差)

(8742 g),40 a 时茎干干枯,生物量严重下降(891 g)(图 4.7c)。

(2)个体形态变化

梭梭株高的变化呈现不断上升的趋势,5~20 a 上升幅度较大,20~40 a 上升幅度较缓,最大值是在 40 a(为 379 cm)(图 4.8a);梭梭冠幅的变化趋势,先上升后下降,5~20 a 间呈上升趋势,20 a 时是最大冠幅(为 4.94 m²),20~40 a 间梭梭冠幅缓慢下降(图 4.8b);梭梭枯枝比的变化呈现不断上升的趋势,5 a 时梭梭枯枝比最低(35%),40 a 时达到最大比例(74%)(图 4.8c)。

4.1.3　人工固沙植被梭梭对降水变化的响应

4.1.3.1　不同种植年限人工梭梭林土壤水分变化

本研究发现在河西走廊荒漠绿洲过渡带梭梭种植 30 a 后,雨养林内 100~120 cm 和 180~200 cm 土壤含水量明显下降(从 3%~4% 下降到 1%~2%);而 20~40 cm 土壤含水量呈波动状态,无明显下降。和本研究相类似,马全林等(2003)在黑河流域下游的民勤人工梭梭

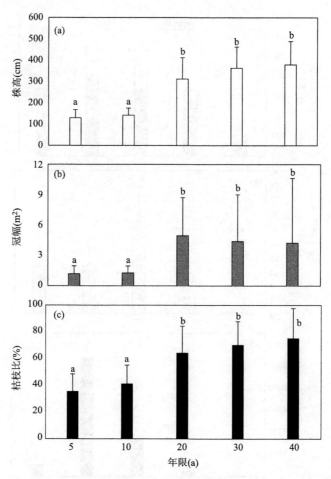

图 4.8　不同年限梭梭个体形态(高度(a)、冠幅(b)、枯枝比(c))的变化(平均值±标准误差)

林研究发现,种植 30 a 后,林地土壤含水量保持在 1% 左右。一般认为,人工梭梭林土壤干燥化的原因主要有两个;一方面,干旱荒漠地区降水稀少,而蒸发强烈,同时降水主要以小降水事件为主,降水入渗主要分布在 60 cm 以内,浅层土壤能够得到降水补给,而深层土壤水分补给不显著(杨淇越 等,2014);另外,密植梭梭的蒸腾耗水量远大于降水量(常学向 等,2007),尤其是在梭梭种植 20~30 a 后,梭梭根系对根际土壤水分的过度消耗利用,进一步导致人工梭梭林土壤水分状况恶化(范广洲 等,2010)。

4.1.3.2　不同种植年限梭梭生理特征

叶片,作为植物与空气接触总面积最大的器官,对环境胁迫因子的敏感性和感知力最强,对抵抗外界胁迫和实现抵抗后的功能恢复有着重要的作用(郯亚栋,2018)。在干旱胁迫环境下,一种重要的植物生理调节机制就是增加叶片渗透调节物质积累,提高溶质浓度,降低渗透势,维持正常的生存与生长过程所需要的水分。本研究发现,5~20 a 梭梭生长前期,土壤水分保持在 3%~4%,叶片各渗透调节物质的含量整体不断上升积累,在 20 a 的时候达到峰值,而在 30 a 土壤水分下降到 1%~2% 时,叶片渗透调节物质并没有显著提高,这暗示着在前期5~20 a,梭梭叶片通过渗透调节抵御干旱胁迫,而到了后期 30~40 a 叶片渗透调节功能下降,由此可以看出,梭梭叶片渗透调节能力只能在一定的干旱胁迫阈值范围内发挥作用。

同时,本研究发现在种植前期,梭梭老叶的可溶性糖、可溶性蛋白的含量是新叶含量的近 2 倍,这说明老叶水分含量较低,渗透调节主要发生在老叶。虽然很多研究认为渗透调节物质可溶性糖、可溶性蛋白对植物是有益的,过多地产生渗透调节物质可能会导致植物叶片中蛋白质、叶绿素和酶等其他有机物质减少,特别是与光合作用相关的物质,例如叶绿素 a、b,因此,叶片渗透调节物质可溶性糖、可溶性蛋白积累的过程其实也是叶片退化的过程,即新叶(绿叶)向老叶(黄叶)转化的过程。

丙二醛是植物在逆境下产生的膜质过氧化的主要产物之一,对细胞产生毒害,造成细胞膜的功能紊乱。它的积累会对植物造成一定的伤害,因此其含量可以反映植物遭受干旱伤害的程度,即膜脂过氧化作用越强,丙二醛的含量越高,则对叶片的损伤就越大(李盈,2014)。本研究发现:不同年限梭梭新叶丙二醛含量保持相对稳定,说明梭梭在新叶状态下,由于叶片渗透调节物质的作用,梭梭叶片的细胞膜是完整的,而在老叶中丙二醛含量比新叶高 $60\% \sim 100\%$,说明老叶原生质膜结构受到破坏要远远大于新叶。

叶绿素作为植物叶绿体类类囊体膜上重要的光合吸收和转化分子,是植物光合结构的重要组成部分,能灵敏反映光合作用的变化情况,为植物抗逆生理、作物增产潜力预测等方面的研究提供依据,因而被视为揭示植物光合作用与环境关系的内在探针(赵昕 等,2007)。通常,干旱胁迫会直接损伤植株的生理代谢,导致叶绿素含量减少、光合作用下降、植株生长受阻,进而影响植物正常生长发育。本研究发现,梭梭新叶和老叶的叶绿素 a、叶绿素 b 及总叶绿素含量随着年限的增加不断增加,说明梭梭在生长过程中叶片光合能力不断提高;但同一年限的梭梭新叶老叶的叶绿素 a、叶绿素 b 及总叶绿素含量对比差异明显,新叶的含量接近于老叶的 5 倍,这说明梭梭主要光合发生在新叶,而老叶的光合作用能力相对来讲是很低的。同时通常植物叶绿素 a∶b 的值约为 3∶1(史胜青 等,2006),而本研究发现,不同年限梭梭新叶的叶绿素 a∶b 的值约为 3∶1,而老叶的叶绿素 a∶b 的值下降到了 2∶1,这也说明老叶叶绿素含量下降加上叶绿素 a、b 比例失调,叶片光合作用下降。这些现象表明了梭梭应对土壤干燥的策略,即尽量保持或提高植株上部新叶的叶绿素含量,保持较高的光合效率,而生理胁迫主要发生在光合作用较弱的老叶,这样一方面可以减少蒸腾水分消耗,抵御干旱,另一方面提高梭梭个体光合作用水分利用效率。

本研究还发现,在种植前期 5～20 a 梭梭随着种植年限的增加,表层土壤(0～10 cm)根系活力明显增加,在 20 a 时达到了最大值,说明 20 a 的梭梭根系在表层土壤中是最有活力,对降水吸收能力增强,而在后期 30～40 a,表层根系活力下降,对降水吸收能力减弱,因此干旱胁迫进一步加剧。

4.1.3.3　不同种植年限梭梭个体生长和形态特征

在干旱荒漠生态系统,植物的生长和个体形态会发生一系列调整来适应干旱胁迫。很多研究表明,干旱胁迫会对树木的生长形态产生抑制作用,其株高、基径、冠幅面积等指标成为衡量抗旱的能力的重要参考(张洁明 等,2006;郭慧 等,2009)。本研究发现,在种植前期,梭梭株高、冠幅、生物量随着种植年限的增加而增加,20 a 的梭梭是其生长过程中的最佳时期,在种植后期 30～40 a,梭梭老叶(黄叶)比例增加,枝条也出现了大量脱落的现象。梭梭老叶黄化和同化枝脱落,是为了保证梭梭正常的水分生长代谢,并减少低效光合器官(老叶)水分消耗,保证新叶(绿叶)生物量,提高光合水分利用效率,这与许皓等(2007)的观点较为一致。

另外本研究还发现,在梭梭种植 30～40 a 后深层土壤水分仅仅维持在 $1\% \sim 2\%$,这样极端干燥的土壤条件下,梭梭叶片老化、萎蔫、代谢异常严重,并且枝条叶片大量脱落以减缓蒸腾作用强度,降低水分过度消耗,维持植物体内水碳平衡。但同时,同化枝条和叶片大面积脱落也导致光合作用的 CO_2 同化作用减弱从而影响植物体内糖合成,最终导致个体生物量积累严重下降。在腾格里沙漠边缘沙坡头地区,赵兴梁等(1963)也发现在沙漠环境当土壤水分在 2% 以上时,固沙植物生长正常;而当土壤水分在 1%～2% 时,固沙植物出现衰退现象;而在 1% 左右固沙植物大量死亡。尽管梭梭可以用凋落叶片和枝条的方法来降低老化光合器官(老叶)水分消耗,但老叶和枝条水分匮缺极其严重,基本已经达到了极限,最后茎干也由于植株体内的水分过少也出现干枯断裂。基于以上结果,我们提出在梭梭种植 30～40 a 后通过适度人工干预,例如枝叶修剪、灌溉或一定程度的平茬或间伐,可能会对人工雨养梭梭复活和复壮具有积极的意义。

4.1.4 小结

本节研究发现,在年降水 100 mm 左右的荒漠绿洲过渡带种植梭梭 5～20 a,雨养梭梭林 100～120 cm 和 180～200 cm 土壤水分保持在 3%～4%,梭梭叶片渗透调节物质和叶绿素含量的显著增加,说明梭梭内在水分利用效率(WUE)随着干旱程度增加而明显提高。但是,种植后期 30～40 a,土壤水分降低到 1%～2%,严重干旱造成叶片 MDA 含量增加,叶片叶绿素含量下降,叶绿素 a、b 含量比例失衡,叶片生理调节失效,叶片开始老化、死亡并随后脱落,植株个体光合能力下降,水碳平衡失调;在种植 40 a 后,多数梭梭叶片、枝条干枯脱落,茎干断裂,个体生物量下降严重,最终进入休眠状态(假死)。

4.2 钠盐迫害对一年生草本植物种子萌发的影响

在年降水量小于 150 mm 的干旱荒漠地区,流动沙丘上依然可以生长一些相对稳定的一年生草本植物,它们在固定流动沙丘、防止土地沙漠化等方面都发挥着重要作用。干旱荒漠生态系统干旱少雨,温度、湿度和降雨时空变异性大,土壤基质空间异质性极强,这种严酷多变的环境对荒漠植物的生长发育、存活和繁殖极为不利。作为荒漠生态系统恒有层片,一年生草本植物在自然选择和长期进化过程中形成了完善的生存策略(李辛 等,2018a)。研究一年生草本植物如何适应荒漠环境的制约,对于阐述荒漠植物群落以及生态系统生物多样性形成和维持机制具有重要的意义。我国有近 1/3 的国土面积分布于干旱区,而干旱内陆河流域的绿洲是人类生存和生产的主要空间(张建永 等,2015)。但由于人口增长,人类活动加剧,西北地区绿洲边缘水分资源不断恶化,出现天然植被大面积衰退的现象(杨新民 等,2005),并进一步产生了土地荒漠化和盐渍化(马松尧 等,2004)。为了恢复绿洲边缘生态环境,我国从 20 世纪 70 年代开始在绿洲边缘大量种植人工固沙植被,随着人工林种植年限的增加,其表层土壤出现了盐分集聚的现象(苏永中 等,2020)。在盐渍化土壤环境下,盐碱胁迫是植物种子萌发和植物生长发育的关键非生物胁迫因子(代莉慧 等,2012)。

种子萌发是植物成功建植的前提,也是植物整个生命史的开端(刘志民 等,2003b),但种子萌发时期对外部环境响应十分敏感,最易受到胁迫环境的影响(Levitt,1980),环境胁迫甚至会影响植物后期的生长、发育和繁殖(何璐 等,2010)。因此,种子萌发对环境非生物胁迫因素的响应机制一直是植物学研究的重点。目前,对于干旱荒漠生态系统一年生草本植物种子萌发的研究多关注于温度、水分和种子埋藏深度等方面,例如,沙坡头地区小画眉草(*Eragros-*

tis minor)萌发所需最小降雨量(徐彩琳 等,2002)、光照对小画眉草种子萌发率的影响(李雪华 等,2006a)、温度与狗尾草(*Setaria viridis*)种子萌发率的关系(贾风勤 等,2016),还有从种子的埋深角度和埋藏时长研究土壤含水量、温度、光照等因素对种子萌发的影响(李荣平 等,2004;闫巧玲 等,2007),而对不同盐分胁迫下一年生草本植物种子的萌发及盐胁迫解除后种子的复萌研究较少。

河西走廊绿洲镶嵌在广袤的荒漠之中,由于绿洲过度扩张,绿洲土地荒漠化与绿洲化相伴而生,在荒漠绿洲边缘种植人工梭梭(*Haloxylon ammodendron*)成为当地重要的防风固沙措施之一。近 50 年,人工梭梭林内土壤表层盐分(Na^+、Cl^-、HCO_3^-、SO_4^{2-})集聚严重(吕彪 等,2008;苏永中 等,2020)。人工林内灌木和多年生草本植物入侵稀少,或难以扩张(吕彪 等,2008),而一年生草本植物却可以大量入侵,并逐渐成为草本层的优势植物类群。研究一年生草本植物在盐碱土壤环境下的种子萌发策略对理解河西走廊绿洲边缘的草本层植物恢复具有重要的生态学意义。因此,本研究以河西走廊荒漠绿洲边缘典型一年生草本植物禾本科(狗尾草、虎尾草和小画眉草)和藜科(雾冰藜、刺沙蓬和蒙古虫实)为对象,研究不同浓度盐分(NaCl 和 $NaHCO_3$)对当年秋季和次年春季种子萌发和复萌的影响,为当地人工林草本层植被恢复提供科学依据。

4.2.1　研究方法

4.2.1.1　试验设计

2018 年 8—10 月,在中国科学院临泽内陆河流域研究站(荒漠绿洲边缘)周边采集成熟种子,随机选择 10 株不同大小植株,采集完好成熟的种子,干燥后备用。种子分为两组,A 组种子于 2018 年秋季进行萌发试验(10 月 15 日—11 月 15 日)和复萌试验(11 月 16 日—12 月 16 日),B 组种子于 2019 年春季进行萌发试验(4 月 15 日—5 月 15 日)和复萌试验(5 月 16 日—6 月 16 日)。依据苏永中等(2020)和吕彪等(2008)关于河西走廊荒漠绿洲过渡带土壤盐分组成的研究,以及 Flowers 等(2008)关于盐生植物的定义,设置 6 个梯度的 NaCl 和 $NaHCO_3$ 溶液,分别为 0 mmol/L (对照)、40 mmol/L、80 mmol/L、120 mmol/L、160 mmol/L 和 200 mmol/L。

种子萌发试验参照朱教君等(2005)和杨志江等(2008)的研究方法进行。在用蒸馏水洗净并烘干的带盖培养皿底部放入两层滤纸,分别加入不同浓度的 NaCl 和 $NaHCO_3$ 溶液各 10 mL,并以等量的蒸馏水为对照。每个培养皿内放入饱满、大小一致的 100 粒种子,3 个重复。将培养皿放入人工气候箱中,温度(20±2)℃,12 h 光照,每 2 天更换一次滤纸和盐溶液。以胚根突破种皮 0.2 cm 作为发芽标准(王璐 等,2015),每 2 天统计一次发芽个数。

萌发试验结束后,将没有萌发的种子用蒸馏水冲洗 3 次,转至底部放入双层滤纸的培养皿内进行复萌试验。滤纸用蒸馏水浸湿,每天以称重法添加蒸馏水以补充损失的水分,每 2 天统计一次发芽个数。

4.2.1.2　数据处理

利用 SPSS21.0 软件对数据进行统计分析,利用 one-way ANOVA 和 Duncan 法进行方差分析和显著性检验($\alpha = 0.05$)。利用 Origin8.0 软件作图。萌发率=发芽种子数/100×100%;复萌率=复萌种子数/未发芽种子数×100%。

4.2.2 一年生草本植物种子在不同浓度钠盐胁迫下的萌发

4.2.2.1 NaCl 对一年生草本植物种子萌发的影响

由图 4.9 可以看出,秋季萌发中,不同浓度 NaCl 胁迫下,一年生禾本科植物种子萌发率差异显著,狗尾草、虎尾草和小画眉草均在对照组萌发率最高,分别为 15.0%、16.7% 和 6.7%,在不同浓度盐处理下萌发率都维持在低水平,狗尾草为 5.3%~13.3%,虎尾草为 5.3%~8.3%,小画眉草几乎不萌发;藜科植物种子萌发率在不同浓度盐处理间差异显著,雾冰藜、蒙古虫实和刺沙蓬均在对照组萌发率最高,分别为 20.0%、8.3% 和 16.7%,在不同浓度盐处理下萌发率均维持在较低水平,雾冰藜为 5.0%~16.7%,蒙古虫实为 1.6%~8.3%,刺沙蓬为 1.7%~13.3%。

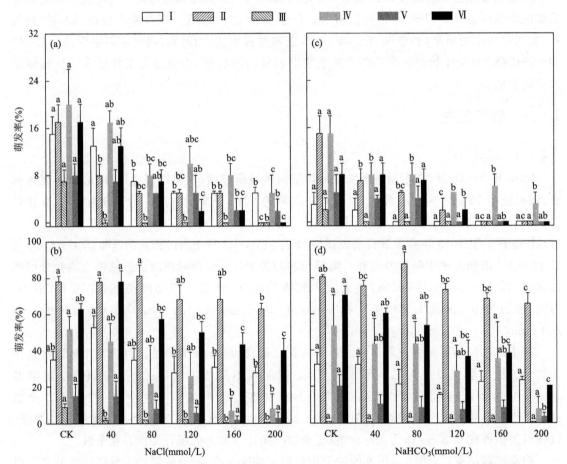

图 4.9　不同 NaCl 和 NaHCO₃ 浓度下 6 种一年生草本植物种子在当年秋季(a、c)和次年春季(b、d)的萌发率(柱上 a、b、c 代表不同处理之间差异显著($P < 0.05$),下同)

春季萌发中,不同浓度 NaCl 胁迫下,一年生禾本科植物种子萌发率差异显著,狗尾草和虎尾草在 40 mmol NaCl/L 和 80 mmol NaCl/L 处理下萌发率最高,分别为 53.3% 和 81.6%,当 NaCl 浓度>80 mmol/L 时萌发率随着盐浓度的增加而下降,小画眉草在对照组萌发率最高(8.3%),在不同浓度盐处理下萌发率都维持在低水平,为 0~1.7%;藜科植物中,雾冰藜和刺沙蓬种子萌发率在不同浓度盐处理间差异显著,雾冰藜在对照组萌发率最高(51.7%),刺沙蓬在 40 mmol NaCl/L 处理下萌发率最高(78.3%),且随着盐浓度增加逐渐下降,蒙古虫实随着盐浓度增加而下降,但并不显著,且保持在较低水平,为 1.6%～15.0%。

4.2.2.2　NaHCO₃ 对一年生草本植物种子萌发的影响

由图 4.9 可以看出,秋季萌发中,不同浓度 NaHCO₃ 胁迫下,一年生禾本科植物中,虎尾草种子萌发率在不同浓度盐处理间差异显著,对照种子萌发率最高(15.0%),狗尾草和小画眉草差异不显著,狗尾草只在对照组和盐浓度为 40 mmol/L 中萌发,萌发率分别为 3.0% 和 1.7%,小画眉草除在对照组有种子萌发外(1.7%),在其他处理下几乎不萌发;一年生藜科植物中,雾冰藜和刺沙蓬种子萌发率在不同浓度盐处理间差异显著,对照达到最大值,分别为 15.0% 和 8.3%,随着盐浓度增加逐渐降低,蒙古虫实变化不显著。

春季萌发中,不同浓度 NaHCO₃ 胁迫下,一年生禾本科植物中,虎尾草种子萌发率在不同浓度盐处理间差异显著,在 80 mmol NaHCO₃/L 处理下萌发率最高(86.7%),狗尾草和小画眉草萌发率差异不显著,狗尾草为 21.7%～31.7%,小画眉草在盐胁迫下几乎没有种子萌发;一年生藜科植物中,蒙古虫实和刺沙蓬种子春季萌发率在不同浓度盐处理间差异显著,对照达到最大值,分别为 20.0% 和 70.0%,随着盐浓度增加逐渐下降,雾冰藜没有表现出显著差异。

4.2.2.3　NaCl 胁迫后一年生草本植物种子的复萌率

秋季复萌中,不同浓度 NaCl 胁迫后,一年生禾本科植物中,虎尾草种子复萌率在不同浓度盐处理间差异显著,对照最高(15.0%),狗尾草和小画眉草复萌率在不同浓度盐处理间变化不显著,分别在 80 mmol NaCl/L 和 40 mmol NaCl/L 处理下最高,分别为 20.0% 和 1.6%,其他盐浓度处理下几乎不复萌;藜科植物种子复萌率在不同浓度盐处理间差异显著,雾冰藜、蒙古虫实和刺沙蓬在 40 mmol NaCl/L 处理下下复萌率最高,分别为 15.0%、6.7% 和 11.6%,在其他盐浓度处理下均在较低水平,雾冰藜为 1.7%～11.7%,蒙古虫实为 3.3%～5.0%,刺沙蓬为 1.7%～10.0%(图 4.10)。

春季复萌中,不同浓度 NaCl 胁迫后,一年生禾本科植物中,狗尾草和虎尾草种子复萌率差异显著,且在高浓度下种子复萌率较高,其中,狗尾草在 120 mmol NaCl/L 处理下复萌率最高,为 40.0%;虎尾草在 200 mmol NaCl/L 处理下复萌率最高,为 12.0%;小画眉草复萌率变化不显著,不同处理下均较低,为 0～1.7%。一年生藜科植物中,蒙古虫实和刺沙蓬的复萌率在不同浓度盐处理间差异显著,不同处理下均有较高的复萌率,蒙古虫实复萌率为 10.2%～15.1%;刺沙蓬复萌率为 6.6%～33.5%;雾冰藜没有表现出明显的差异,复萌率为 11.5%～16.8%。

4.2.2.4　NaHCO₃ 胁迫后一年生草本植物种子的复萌率

由图 4.10 可以看出,秋季复萌中,不同浓度 NaHCO₃ 胁迫后,一年生禾本科植物中,狗尾草和虎尾草复萌率差异显著,狗尾草在对照组复萌率最高(20.0%);虎尾草在 40 mmol NaHCO₃/L 处理下复萌率最高(11.6%);而小画眉草复萌率在不同浓度盐处理间差异不显著,在对照组和 40 mmol NaHCO₃/L 处理下复萌率均为 3.3%,在其他盐分浓度下几乎不复萌。一年生藜科植物中,蒙古虫实和刺沙蓬复萌率在不同浓度盐处理间差异显著,均在对照组最高,分别为 8.3% 和 11.6%,而在高浓度盐分处理下几乎不复萌;雾冰藜复萌率变化不显著。

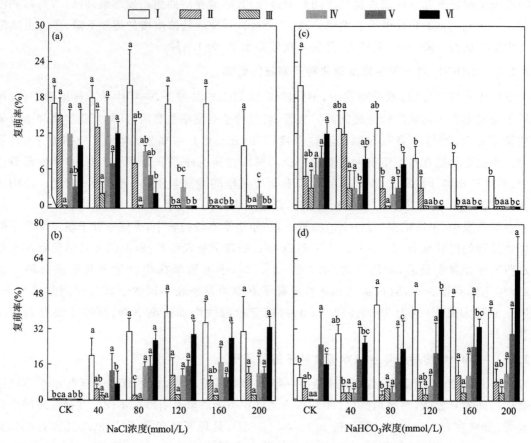

图 4.10　不同 NaCl 和 NaHCO₃ 浓度下 6 种一年生草本植物种子
在当年秋季（a、c）和次年春季（b、d）的复萌率

春季复萌中,不同浓度 NaHCO₃ 胁迫后,一年生禾本科植物狗尾草和虎尾草复萌率差异显著,其中高浓度(160~200 mmol/L)下的复萌率较高,小画眉草复萌率较低。藜科植物中,刺沙蓬复萌率在不同浓度盐处理间差异显著,在高浓度盐分下有较高的复萌率,200 mmol NaHCO₃/L 处理下达到 58.9%,而雾冰藜和蒙古虫实在不同盐浓度处理下复萌率差异不显著。

4.2.3　钠盐环境对一年生草本植物种子萌发的影响以及种子对盐环境的适应

4.2.3.1　盐胁迫对一年生草本植物种子萌发的影响

NaCl 和 NaHCO₃ 对 6 种一年生草本植物种子在当年秋季的萌发具有明显的抑制作用,主要表现为 6 种植物种子的秋萌率均在对照组达到最高,随着盐浓度的升高而下降。另外,6 种植物种子在当年秋季的萌发率远低于次年春季。一年生草本植物种子在当年秋季比次年春季对外部环境更敏感,一般而言,干旱荒漠生态系统植物当年生种子往往通过休眠机制来躲避秋冬季节恶劣的气候状况,在相对适宜的季节或环境下萌发,这是荒漠植物在长期自然进化中形成的适应气候和恶劣环境保存种群稳定的一种策略(刘志民 等,2003b;付婷婷 等,2009)。本研究中,土壤盐碱胁迫也可以促使一年生草本植物种子在当年秋季休眠,这有利于在荒漠明显的冷暖干湿交替的环境下保持土壤种子库的稳定,也可以防止种子在萌发后,寒冷冰冻天气对幼苗造成致命伤害。

在次年春季,低浓度的 NaCl 和 NaHCO₃(40～80 mmol/L)胁迫对狗尾草、虎尾草和刺沙蓬种子萌发具有一定的促进作用,其中:狗尾草和刺沙蓬种子的萌发率在 40～80 mmol NaCl/L 处理下达到最高,而虎尾草种子的萌发率在 80 mmol NaCl 和 NaHCO₃/L 处理下达到最高,萌发率随盐浓度升高而下降。有研究表明,低盐分胁迫对一年生草本植物春季萌发有一定的促进作用,例如,虎尾草(高楠,2010)、藜科植物藜(*Chenopodium album*)和灰绿藜(*Chenopodium glaucum*)种子(王璐 等,2015)在低浓度(50～100 mmol NaCl/L)胁迫下萌发率最大,随着盐浓度的增加而下降。这表明种子萌发对盐分胁迫的适应是有阈值的,超过这个阈值,种子萌发会受到抑制,而这个阈值随着其他生态因子的不同而有所差异。

碱性盐 NaHCO₃ 比中性盐 NaCl 对种子萌发的抑制更强。NaHCO₃ 浓度大于 160 mmol/L 时,6 种植物基本不萌发或萌发率较低,而 NaCl 浓度达到 200 mmol/L 时,6 种一年生草本植物仍能够保持相对较高的萌发率。这与禾本科芨芨草(*Achnatherum splendens*)(纪荣花 等,2011)以及藜科盐地碱蓬(*Suaeda salsa*)、碱蓬(*Suaeda glauca*)和盐爪爪(*Kalidium foliatum*)(代莉慧 等,2012)等种子萌发研究结果一致。

4.2.3.2　盐胁迫对一年生草本植物种子复萌的影响

盐分对植物种子的影响主要有渗透胁迫和离子毒害。在低盐碱胁迫环境中,土壤盐分浓度增加造成的低水势使种子吸收水分困难,种子内部营养物质难以充分水化(Donovan et al.,1999),参与营养物质转化的酶类难以产生及活化,阻碍了种子内部的一系列酶促反应,从而使种子保持休眠(宗莉 等,2015)。而在高盐碱环境下,种子内部细胞的离子积累达到高浓度时,会产生离子毒性作用,尤其是 Na⁺、Cl⁻ 或 SO₄²⁻(Flowers et al.,1997),异常高的 Na⁺·Cl⁻ 含量和高浓度的总离子会使酶失去活性,从而种子也失去活性(张科 等,2009;袁飞敏 等,2018)。但不同植物种子对盐分的敏感程度有所差异,同一盐分浓度对敏感植物种子的影响可能是毒害作用,而对于抗盐性强的植物种子可能只是渗透胁迫(盖玉红,2010)。

盐胁迫解除后,6 种一年生草本植物种子在当年秋季的复萌率总体呈下降趋势:NaCl 和 NaHCO₃ 浓度为 40～80 mmol/L 胁迫解除后复萌率较高,表明 NaCl 和 NaHCO₃ 浓度为 40～80 mmol/L 对种子是渗透胁迫;而 NaCl 和 NaHCO₃ 浓度>120 mmol/L 胁迫解除后,6 种植物基本没有复萌或有极低的复萌率,表明高盐分胁迫会对种子产生毒害。在次年春季的复萌率变化较小,且在高盐分(120～200 mmol/L)胁迫后有较高的复萌率,表明 NaCl 和 NaHCO₃ 对一年生草本植物种子是渗透胁迫,没有发生毒害作用。这种秋季和春季植物种子对盐分胁迫响应的差异可能与种子成熟度有关。种子成熟一般包括形态成熟和生理成熟。生理成熟即为真正成熟,此时,虽然种子养分输送已经完成,种子所含干物质不再增加,但种子含水量会随着时间增加而减小,硬度增大,因此对盐碱毒害作用的抵抗力也会增强。

4.2.3.3　6 种一年生草本植物种子对钠盐环境的反应

种子的萌发类型主要分为 3 类:冒险型、机会型和稳定型(张景光 等,2005)。虎尾草、狗尾草、雾冰藜和刺沙蓬对盐碱环境的适应性强,总体发芽率高,属于冒险型;蒙古虫实在不同盐分浓度下都有一定的发芽率,属于稳定型;而小画眉草萌发率低,休眠性强,是机会型。

按照植物对盐分的耐受能力强弱可以将植物分为盐生植物和非盐生植物。Flowers 等

(2008)认为,能够在离子浓度达到 200 mmol/L 以上的生境中萌发、生长、存活并完成生活史的植物是盐生植物。本研究中,虎尾草、狗尾草、刺沙蓬、雾冰藜和蒙古虫实在 NaCl 和 NaHCO$_3$ 浓度为 200 mmol/L 时均有一定的萌发率,而小画眉草在 NaCl 和 NaHCO$_3$ 浓度高于 40 mmol/L 的处理下几乎没有萌发现象。同时,盐生植物对盐渍环境有很强的适应能力,表现为种子虽在高盐分环境下休眠,但当盐浓度降低或水分增加时大多能复萌(盖玉红,2010),种子依然能够保持活性。虎尾草、狗尾草、刺沙蓬和雾冰藜的种子在盐胁迫解除后能复萌,且有较高的复萌率。因此,从种子萌发的角度考虑,虎尾草、狗尾草、刺沙蓬、雾冰藜和蒙古虫实是盐生植物。在河西走廊荒漠绿洲过渡带,随着人工林盐碱化加剧,禾本科的虎尾草和藜科的刺沙蓬有可能成为河西走廊荒漠绿洲边缘一年生草本层的优势种。

4.3 钠盐胁迫对黎科一年生草本植物生长的影响

土壤盐碱化是全球主要生态环境问题之一,目前全世界可利用土地面积的 60% 存在土壤盐碱化,且呈不断加剧趋势。我国盐碱土分布广泛,面积大且类型多样(李辛 等,2018a),其中,干旱、半干旱地区降水稀少、蒸发强烈,可溶性盐分随水分运移到土壤并累积,形成大面积盐碱化区域,且受气候变化和人类活动影响盐分集聚加剧,深刻影响着干旱区农业生产发展和绿洲的生态稳定(罗毅,2014),威胁着植物的生长发育。荒漠绿洲过渡带作为干旱区绿洲生态系统的重要组成部分,对维持绿洲稳定具有重要作用(王蕙 等,2007)。然而近年来受全球变暖、人口增加和人类活动加剧的影响,荒漠绿洲边缘水分资源恶化,天然植被衰退(杨新民 等,2005),土地荒漠化和盐渍化加剧(马松尧 等,2004),我国开始在绿洲边缘大量种植人工固沙植被以恢复绿洲边缘生态环境。随着人工林种植年限的增加,土壤表层盐分(Na$^+$、Cl$^-$、HCO$_3^-$、SO$_4^{2-}$)集聚严重(吕彪 等,2008;苏永中 等,2020),灌木和多年生草本植物入侵稀少或难以扩张,而一年生草本植物却可以大量入侵并成为草本层的优势植物类群。在盐渍化土壤环境下,盐碱胁迫是影响植物生长发育的关键非生物胁迫因子(宁建凤 等,2010)。

一年生植物是干旱荒漠植物区系的重要组成部分,具有重要的生态功能。干旱荒漠生态系统干旱少雨,温度、湿度和降雨时空变异性大,土壤基质空间异质性极强,作为荒漠生态系统恒有层片,一年生草本植物在自然选择和长期进化过程中形成了完善的生存策略(李辛 等,2018a),并以特有的生物学特性使其成为许多研究植物生态学问题的最佳试验材料(李辛 等,2018b)。许多学者研究了盐碱胁迫对一年生植物种子萌发(王景瑞 等,2020)、幼苗生长(刘涛等,2009;刘晓静 等,2013)、生理变化(王璐 等,2015)和光合作用(李辛 等,2018b)等的影响,证明了盐碱胁迫对植物有很强的致害作用,其中多以人工栽培品种为研究对象,以盐碱地原生植物为对象探讨其对盐碱胁迫的响应的研究较少。

藜科一年生草本植物在干旱荒漠区一年生草本植物层中占有绝对优势(党荣理 等,2002),是荒漠、半荒漠和盐碱地上重要的建群种和共建种,分布广泛,适应性强,在维持荒漠地区生态平衡等方面有着非常重要的作用(赵哈林 等,2008)。目前关于藜科一年生草本植物的研究多见于群落结构(袁建立 等,2002)、生理生态特性(张景光 等,2002a、b)、种子萌发特性(刘志民 等,2004)和短期盐胁迫对种子萌发和幼苗生长的影响(李辛 等,2018a;王景瑞 等,2020)等,对长期盐胁迫下植物能否顺利完成生活史、生长发育状况、生物量分配模式及盐耐受性研究较少。研究藜科一年生草本植物在盐碱土壤环境下的生长发育状况对理解荒漠绿洲过渡带草本层植物恢复具有重要的生态学意义。因此,本研究以河西走廊荒漠绿洲边缘典型藜科一年生草本植物雾冰藜、刺沙蓬和白茎盐生草为研究对象,研究雾冰藜、刺沙蓬和白茎盐生草在不同浓度盐分(NaCl 和 NaHCO₃)胁迫下的生长发育状况和生物量分配模式,评价和比较三者的盐分敏感性和耐受性,探讨其在盐胁迫下的生存策略,以期为深入了解藜科一年生草本植物在盐碱生境的适应性提供参考,进而为开展盐碱地治理及人工林草本层植被恢复提供科学依据。

4.3.1　研究方法

4.3.1.1　试验设计

(1)供试材料

2018 年 10 月在中国科学院临泽内陆和流域研究站附近盐碱地采集雾冰藜、刺沙蓬和白茎盐生草种子,每种植物随机选择 10 株不同大小植株,采集完好成熟的种子,干燥后备用。

(2)试验方法

试验在中国科学院临泽内陆河流域研究站内进行,雾冰藜、刺沙蓬和白茎盐生草种子于 2019 年 5 月 18 日播种,依据苏永中(2020)等和吕彪(2008)等关于河西走廊荒漠绿洲过渡带土壤盐分组成的研究、Flowers(2008)等关于盐生植物的定义,设置 5 个浓度梯度的 NaCl 和 NaHCO₃ 溶液,分别为 0(对照),50 mmol/L、100 mmol/L、150 mmol/L 和 200 mmol/L。盐胁迫参照李辛(2018b)等和王树凤等(2014)的试验方法,采用盆栽培植法,花盆直径和深度均为 30 cm,花盆内盛装洗净的细河沙和蛭石,三种植物每种处理 3 盆为 3 个重复,以含有相应浓度的 NaCl 和 NaHCO₃ 溶液为处理液,每盆 1000 mL 分 3 次浇透花盆,对照组分 3 次浇灌等量蒸馏水。次日起以称重法补充蒸馏水。为防止盐分随水分流失,盆下放置托盘,将流出的溶液重新倒回盆内,使植株完全处于胁迫状态。幼苗长成后每盆只保留 3 株长势一致的幼苗继续试验。当三种植物进入枯黄期时结束试验,于 2019 年 10 月 15 日收取植株。

(3)指标测定

试验结束时,记录植株存活率、植株高度和叶片数量,分别采集植株的种子、根、茎和叶,并测量每株植株根长。种子重量自然风干后获得,根、茎和叶置于恒温 80 ℃ 的烘箱中至质量恒定称的干重,并根据公式计算以下指标:

$$存活率(\%)=(存活株数 \cdot 总株数) \times \% ; \tag{4.1}$$

$$地上生物量(AGB)=茎叶生物量+种子重量; \tag{4.2}$$

$$总生物量(TB)=地上生物量+地下生物量; \tag{4.3}$$

$$根冠比(R/S)=根干质量/地上部干质量; \tag{4.4}$$

$$繁殖分配=种子重量/总生物量; \tag{4.5}$$

$$盐敏感指数(SSI)=[(DW_{盐处理}-DW_{对照})/DW_{对照}] \times 100; \tag{4.6}$$

$$盐耐受指数(STI)=(DW_{盐处理}/DW_{对照}) \times 100; \tag{4.7}$$

式中,$DW_{盐处理}$ 表示盐处理下植株干重,$DW_{对照}$ 表示对照植株干重(Rejili et al.,2006;Khayat et al.,2010)。

4.3.1.2　数据处理

利用 SPSS21.0 软件对数据进行统计分析,利用 one-way ANOVA 和 Duncan 法进行方差分析和显著性检验($\alpha=0.05$),利用 Origin8.0 软件作图。

4.3.2 钠盐胁迫下藜科一年生草本植物群落特征状况

4.3.2.1 钠盐胁迫下藜科一年生草本植物存活率及生长状况

(1)植株存活率

三种藜科一年生草本植物存活率均随 NaCl 和 NaHCO₃ 浓度的增加呈下降趋势(表 4.1):雾冰藜和刺沙蓬的存活率在 50 mmol/L 的盐浓度下均能达到 88.9%以上,白茎盐生草则达到 100%;盐浓度为 200 mmol/L 时,雾冰藜和刺沙蓬无法存活或存活率极低,而白茎盐生草在 200 mmol NaCl/L 下存活率仍能达到 66.7%;此外,雾冰藜和刺沙蓬存活率的下降幅度明显高于白茎盐生草,200 mmol NaCl/L 下雾冰藜和刺沙蓬的存活率仅分别为白茎盐生草的 0%和 33.3%,150 mmol NaHCO₃/L 下分别为白茎盐生草的 49.9%和 83.4%。

表 4.1 不同 NaCl 和 NaHCO₃ 浓度下雾冰藜、刺沙蓬和白茎盐生草的植株存活率(%)

盐分 物种	对照	NaCl 浓度(mmol/L)				NaHCO₃ 浓度(mmol/L)			
	0	50	100	150	200	50	100	150	200
雾冰藜 *B. dasyphylla*	100	88.9	77.8	33.3	0	88.9	66.7	33.3	0
刺沙蓬 *S. ruthenica*	100	100	66.7	33.3	22.2	88.9	66.7	55.6	0
白茎盐生草 *H. arachnoideus*	100	100	100	77.8	66.7	100	77.8	66.7	0

(2)生长状况

不同浓度 NaCl 和 NaHCO₃ 胁迫下,3 种藜科一年生草本植物株高生长差异显著($P <$ 0.05)(图 4.11 a、b):雾冰藜和刺沙蓬的平均株高均在对照组最大,且随盐浓度的增加呈下降趋势;白茎盐生草的株高随盐浓度的增加呈先升后降的趋势,平均株高分别在 100 mmol NaCl/L 和 100 mmol NaHCO₃/L 时最大,比对照组分别增加了 60.0%和 17.0%。

不同浓度 NaCl 和 NaHCO₃ 胁迫下,3 种藜科一年生草本植物叶片数量差异显著(图 4.11c、d):雾冰藜的平均叶片数量分别在 0 mmol NaCl/L 和 50 mmol NaHCO₃/L 时最大,随盐浓度的增加呈下降趋势;刺沙蓬的平均叶片数量均在对照组最大,随盐浓度的增加呈下降趋势;白茎盐生草的平均叶片数量分别在 200 mmol NaCl/L 和 100 mmol NaHCO₃/L 时最大,且 NaCl 浓度大于 100 mmol/L 时对其叶片数量增长有明显的促进作用,比对照组增加了 3.5%~59.2%。

不同浓度 NaCl 和 NaHCO₃ 胁迫下,雾冰藜和刺沙蓬根长差异显著(图 4.11e、f),平均根长均在对照组最大,且随盐浓度的增加逐渐下降;白茎盐生草根长差异不显著,平均根长分别在 150 mmol NaCl/L 和 0 mmol NaHCO₃/L 时最大,NaCl 为 100~20 mmol/L 时其根长比对照组增加 1.5%~7.0%。

4.3.2.2 钠盐胁迫下藜科一年生草本植物的生物量累积

不同浓度 NaCl 和 NaHCO₃ 胁迫下,三种藜科一年生草本植物的地上生物量(AGB)、地下生物量(BGB)和总生物量(TB)累积差异显著(表 4.2):雾冰藜的生物量累积分别在 0 mmol NaCl/L 和 50 mmol NaHCO₃/L 时最大,50~150 mmol/L 的盐胁迫下生物量累积与对照组变化不大;刺沙蓬的生物量累积均在对照组达到最大,随盐浓度的增加呈下降趋势;白茎盐生草的生物量累积随盐浓度增加呈上升趋势,100~200 mmol NaCl/L 和 100~150 mmol NaHCO₃/L 胁迫下生物量累积远大于对照组。

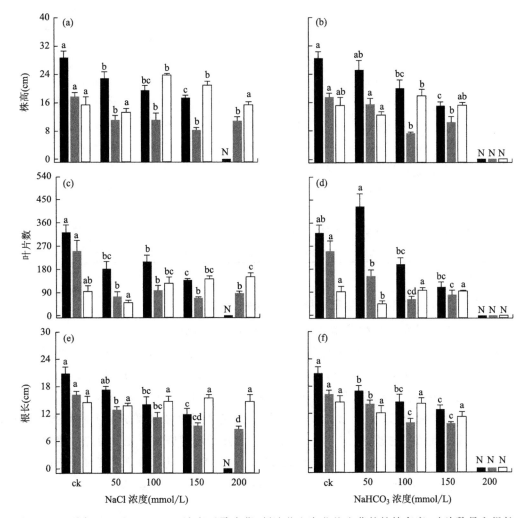

图 4.11　不同 NaCl 和 NaHCO₃ 浓度下雾冰藜、刺沙蓬和白茎盐生草的植株高度、叶片数量和根长。

白色柱为雾冰藜，灰色柱为刺沙蓬，深灰色柱为白茎盐生草。图中 N 表示死亡，

柱上 a、b、c、d 表示不同盐胁迫处理下差异显著（$P < 0.05$），下同

表 4.2　不同 NaCl 和 NaHCO₃ 浓度下雾冰藜、刺沙蓬和白茎盐生草的生物量特征

物种		指标	盐浓度（mmol/L）				
			0	50	100	150	200
	雾冰藜	AGB(g)	0.63 ± 0.09^a	0.50 ± 0.05^a	0.58 ± 0.08^a	0.51 ± 0.03^a	N
	Bassia dasyphylla	BGB(g)	0.05 ± 0.01^a	0.04 ± 0.01^a	0.05 ± 0.01^a	0.04 ± 0.00^a	N
		TB(g)	0.68 ± 0.10^a	0.54 ± 0.05^a	0.63 ± 0.09^a	0.55 ± 0.03^a	N
	刺沙蓬	AGB(g)	1.18 ± 0.11^a	0.35 ± 0.15^{bc}	0.37 ± 0.09^b	0.31 ± 0.02^{bc}	N
NaCl 胁迫	*Salsola ruthenica*	BGB(g)	0.20 ± 0.06^a	0.03 ± 0.01^b	0.02 ± 0.01^b	0.02 ± 0.00^b	N
		TB(g)	1.38 ± 0.36^a	0.38 ± 0.35^b	0.39 ± 0.20^b	0.33 ± 0.05^b	0.09 ± 0.01^b
	白茎盐生草	AGB(g)	0.14 ± 0.09^a	0.11 ± 0.10^a	0.41 ± 0.33^b	0.48 ± 0.35^b	0.50 ± 0.25^b
	Halogeton	BGB(g)	0.02 ± 0.00^a	0.02 ± 0.01^a	0.03 ± 0.02^{ab}	0.05 ± 0.02^{ab}	0.05 ± 0.02^b
	arachnoideus	TB(g)	0.16 ± 0.02^a	0.13 ± 0.01^a	0.44 ± 0.03^b	0.53 ± 0.05^b	0.55 ± 0.10^b

物种		指标	盐浓度(mmol/L)				
			0	50	100	150	200
NaHCO₃ 胁迫	雾冰藜 *Bassia dasyphylla*	AGB(g)	0.63±0.09ᵃ	1.32±0.30ᵇ	0.73±0.09ᵃ	0.47±0.08ᵃ	N
		BGB(g)	0.05±0.01ᵃᵇ	0.14±0.13ᵃ	0.05±0.02ᵃᵇ	0.03±0.01ᵇ	N
		TB(g)	0.68±0.10ᵇᶜ	1.46±0.22ᵃ	0.78±0.35ᵃᵇ	0.50±0.10ᵇᶜ	N
	刺沙蓬 *Salsola ruthenica*	AGB(g)	1.18±0.11ᵃ	0.68±0.17ᵇ	0.28±0.04ᶜ	0.23±0.04ᶜ	N
		BGB(g)	0.20±0.06ᵃ	0.06±0.01ᵇ	0.02±0.00ᵇ	0.02±0.00ᵇ	N
		TB(g)	1.38±0.36ᵃ	0.74±0.18ᵇ	0.30±0.04ᶜ	0.25±0.04ᶜ	N
	白茎盐生草 *Halogeton arachnoideus*	AGB(g)	0.14±0.09ᵃ	0.10±0.01ᵃ	0.31±0.03ᵇ	0.31±0.01ᵇ	N
		BGB(g)	0.02±0.00ᵃ	0.01±0.00ᵃ	0.04±0.00ᵇ	0.03±0.01ᵇ	N
		TB(g)	0.16±0.02ᵃ	0.11±0.01ᵃ	0.35±0.03ᵇ	0.34±0.02ᵇ	N

注:N 表示死亡,下同。

4.3.2.3 钠盐胁迫下藜科一年生草本植物的生物量分配

(1)钠盐胁迫下藜科一年生草本植物不同器官的生物量分配

钠盐胁迫下三种植物不同器官生物量分配变化趋势相近(图 4.12):茎、叶>种子>根系。雾冰藜的茎、叶生物量分配在 150 mmol NaCl/L 和 100 mmol NaHCO₃/L 时最大,盐浓度为 0~150 mmol/L 时总体呈上升趋势,根系生物量分配在 0 mmol NaCl/L 和 50 mmol NaHCO₃/L 时最大,繁殖分配在盐浓度为 50 mmol/L 时最大,二者均随盐浓度增加呈下降趋势。刺沙蓬的茎、叶生物量分配在盐浓度为 50 mmol/L 时最大,随盐浓度增加呈先升后降的趋势;根系生物量分配在 50 mmol NaCl/L 和 0 mmol NaHCO₃/L 时最大,随盐浓度的增加呈下降趋势;繁

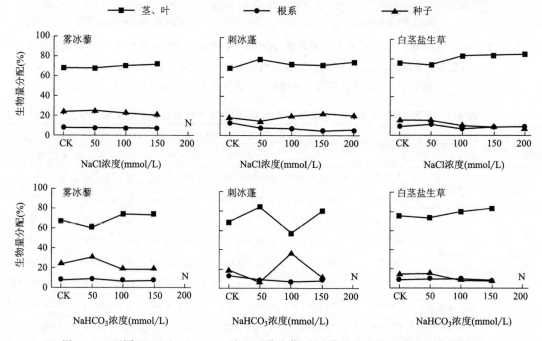

图 4.12 不同 NaCl 和 NaHCO₃ 处理下雾冰藜、刺沙蓬和白茎盐生草的生物量分配

殖分配在 150 mmol NaCl/L 和 100 mmol NaHCO₃/L 时最大,NaCl 浓度为 100 ～ 200 mmol/L 时明显高于对照组。白茎盐生草的茎、叶生物量分配随盐浓度增加呈上升趋势,分别在 200 mmol NaCl/L 和 150 mmol NaHCO₃/L 时最大;根系生物量分配和繁殖分配均在盐浓度为 50 mmol/L 时最大,随盐浓度增加呈下降趋势。

(2)钠盐胁迫下藜科一年生草本植物的地上、地下生物量分配

根冠比是植物地上、地下生物量分配策略的体现,由图 4.13 可以看出,不同浓度 NaCl 和 NaHCO₃ 胁迫下,三种植物的根冠比差异显著:雾冰藜的根冠比分别在 0 mmol NaCl/L 和 50 mmol NaHCO₃/L 时最大,随盐浓度的增加呈下降趋势;刺沙蓬的根冠比均在对照组最大,随盐浓度的增加呈明显下降趋势;白茎盐生草的根冠比随盐浓度的增加呈先升后降的趋势,分别在 50 mmol NaCl/L 和 50 mmol NaHCO₃/L 时最大,比对照分别增加了 22.6% 和 12.4%。

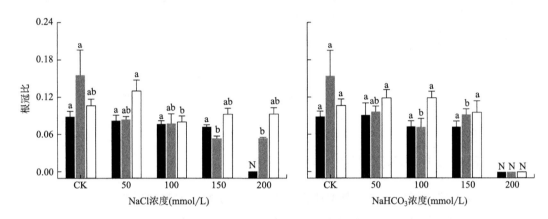

图 4.13　不同 NaCl 和 NaHCO₃ 浓度下雾冰藜、刺沙蓬和白茎盐生草的根冠比

4.3.2.4　三种藜科一年生草本植物对盐分的敏感性和耐受性

盐敏感指数在一定程度上能反映盐分对植物不同部位生长影响的大小,某一部位盐敏感指数越小,该部位对盐胁迫越敏感。由图 4.14 可以看出,不同浓度 NaCl 和 NaHCO₃ 胁迫下,雾冰藜不同部位的盐敏感指数随盐浓度的增加均呈先升后降的趋势,刺沙蓬呈下降趋势,二者的敏感性均随盐浓度的增加而增强,且根部的敏感性逐渐高于地上部的敏感性;白茎盐生草的盐敏感指数随 NaCl 浓度的增加呈上升趋势,随 NaHCO₃ 浓度的增加呈先升后降的趋势,NaCl>50 mmol/L 和 NaHCO₃>100 mmol/L 时根部的敏感性要高于地上部。从整株植物的盐耐受指数来看(表 4.3),三种植物对 NaCl 和 NaHCO₃ 的耐受性不同,白茎盐生草的整体耐受性要高于雾冰藜和刺沙蓬,且三种植物的盐耐受指数随盐浓度增加的变化趋势与盐敏感指数变化趋势相似,表现为盐敏感性增强则盐耐受性降低,而盐敏感性减弱则盐耐受性增加。

表 4.3　不同 NaCl 和 NaHCO₃ 处理下雾冰藜、刺沙蓬和白茎盐生草的盐耐受指数

物种 \ 盐分	对照	NaCl 浓度(mmol/L)				NaHCO₃ 浓度(mmol/L)			
	0	50	100	150	200	50	100	150	200
雾冰藜 B. dasyphylla	100	86.5	114.5	85.9	N	231.7	119.7	79.2	N
刺沙蓬 S. ruthenica	100	27.8	33.9	25.7	15.4	61.9	23.7	19.0	N
白茎盐生草 H. arachnoideus	100	89.0	292.8	356.7	351.8	79.5	242.2	228.3	N

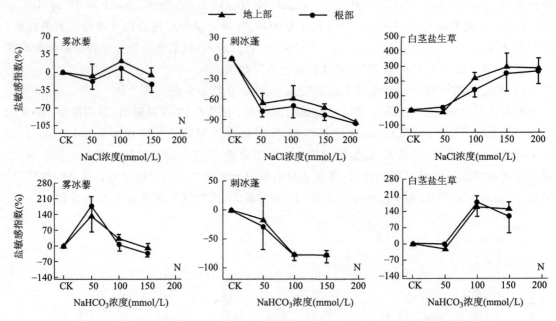

图 4.14 不同 NaCl 和 NaHCO$_3$ 处理下雾冰藜、刺沙蓬和白茎盐生草的盐敏感指数（%）

4.3.3 藜科一年生草本植物对钠盐环境的适应

4.3.3.1 钠盐胁迫对藜科一年生草本植物生长发育和生物量累积的影响

植物生长对外界的盐分刺激响应敏感,生长抑制是植物对盐胁迫最敏感的生理过程,植物各构件生长发育状况是其受盐害程度大小的直观体现,生物量则是综合反映植物抗盐性的重要指标(路斌 等,2015;罗达 等,2019)。本研究中,一定浓度的 NaCl 和 NaHCO$_3$ 胁迫对雾冰藜和白茎盐生草的构件生长和生物量累积有一定的促进作用。其中,雾冰藜的平均叶片数量和生物量累积在 50 mmol NaHCO$_3$/L 胁迫下最高,白茎盐生草的株高、平均叶片数量、根长和生物量累积在 100~150 mmol/L 胁迫下与对照组相比均有不同程度的增加,表明二者均能耐受一定程度的盐胁迫,尤其是白茎盐生草表现出更强的耐盐性。有研究表明,对于一些耐盐植物而言,低盐胁迫可以促进其生长,而高盐胁迫表现出抑制作用。例如,藜科植物藜(Chenopodiumalbum)和灰绿藜(Chenopodiu mglaucum)(王璐 等,2015)幼苗生长均受低盐胁迫(100~150 mmol NaCl/L)的促进,高盐胁迫(NaCl>200 mmol/L)下才受抑制。一定浓度的盐离子渗入植物体内会降低其内部的渗透势,促使植物具有渗透适应性,增强植物的吸水保水能力(王佺珍 等,2017),可以促进植物生长发育,盐分浓度过高时则会产生渗透胁迫和离子毒害,植物生长受到抑制甚至死亡(廖岩 等,2007;边甜甜 等,2020)。但不同植物因遗传特性差异对盐分的敏感程度不同,同一盐分浓度对敏感植物来说可能是高盐胁迫,而对抗盐性强的植物来说却是低盐胁迫。

4.3.3.2 钠盐胁迫对藜科一年生草本植物的生物量分配的影响

盐胁迫下地上、地下生物量分配模式的调节是植物适应盐胁迫的可塑性机制之一(严青青等,2019),本研究中,三种植物的根冠比随盐胁迫的加剧逐渐减小,意味着植物在高盐胁迫下将更多同化产物用于地上部分的生长和繁殖,对地下部分的投入减少。从植物不同部位的盐敏感指数来看,随着盐浓度的增加,三种植物的根部的盐敏感性逐渐高于地上部分,这可能是造成植物根冠比随盐浓度增加而下降的重要原因。弋良鹏等(2007)对一些滨海盐生植物的研究发现,碱蓬(*Suaeda glauca*)、盐角草(*Salicornia europaea*)等根部的盐敏感程度要高于地上部,高盐胁迫下植物的根冠比降低,与本文的研究结果类似。生物量分配模式的改变主要是由不同部位的盐敏感性不同而引起的。根部是暴露于盐胁迫环境中的首要组织,是最先受到盐胁迫伤害和对盐分最为敏感的部分(岩学斌 等,2019),相比于根部,植物会将更多的同化产物储存在对盐分不敏感的地上部位,减少根系对土壤中盐碱的接触来抵抗盐胁迫的伤害。

另外,植物在完成生活史过程中需要将有限的资源按一定比例分配给功能不同的器官(张科 等,2009),当环境因素发生变化尤其是不利于植物生长时,植物会通过调整生物量分配模式来增强适应环境的能力,以求顺利完成生活史(全杜娟,2012)。本研究中,三种植物营养器官生物量分配与繁殖器官生物量分配随盐胁迫的加剧呈相反的变化趋势,表明盐胁迫下植物的营养生长与生殖生长是此消彼长的。雾冰藜和白茎盐生草在 50 mmol/L 盐胁迫下三种植物侧重于生殖生长,刺沙蓬则在 100 mmol NaCl/L 和 100～150 mmol NaHCO$_3$/L 盐胁迫下侧重于生殖生长,繁殖分配比例较对照组有不同程度的增加,超过上述盐浓度时三种植物则侧重于营养生长,繁殖分配减少。Wertis 等(1986)通过对三角叶滨藜(*Atriplex triangularis*)的研究发现,三角叶滨藜的繁殖分配比例随 NaCl 胁迫的加剧呈先升后降的趋势,与本文的研究结果类似。一定程度的逆境条件下,一年生植物在其生活史中将更多地资源用于繁殖,以此实现繁殖成功和种族延续,这种资源分配的可塑性是一年生植物适应多变生境的需要(张景光 等,2005;张科 等,2009)。逆境条件加剧时,一年生植物则会将更多的资源用于营养生长,以抵御不利的生存环境从而完成生活史。

4.3.3.3　钠盐胁迫下三种藜科一年生草本植物的耐盐性

植物的耐盐性归根结底在于盐胁迫下植物能否正常生长发育并完成其生活史,而植物对盐胁迫的适应是有阈值的,超过这个阈值便无法存活,因此盐胁迫下的植株存活率能直接反映植物的耐盐能力(纪凯婷,2014)。本研究中,NaCl 和 NaHCO$_3$ 胁迫对三种植物的存活率有明显的抑制作用,存活率随盐胁迫的加剧逐渐下降,其中,雾冰藜和刺沙蓬在 NaCl 和 NaHCO$_3$ 浓度达到 200 mmol/L 时基本全部死亡,白茎盐生草在 200 mmol NaCl/L 胁迫下存活率仍能保持在 60%以上,且雾冰藜和刺沙蓬存活率的下降幅度明显高于白茎盐生草。对比可以看出,白茎盐生草比雾冰藜和刺沙蓬的耐盐性更强,这可能是因为白茎盐生草根系对盐分的敏感程度较低,受盐胁迫影响较小。根系是植物摄取养分和水分的主要载体,与土壤直接接触,对土壤环境更为敏感且易对土壤环境做出反应(Lynch,1995),盐胁迫环境下,根系的生长发育状况和活力对植物耐盐能力至关重要(郎志红,2008),其生物量的积累是植物抵御不利环境条件的物质保障。本研究中,雾冰藜和刺沙蓬的根长在 NaCl 和 NaHCO$_3$ 胁迫下受到明显抑制,而白茎盐生草则不受影响,其根长在 NaCl 浓度为 100～200 mmol/L 时比对照组增加 1.5%～7%;根系生物量累积方面,雾冰藜和刺沙蓬的根系生物量随盐胁迫加剧逐渐下降,而白茎盐生草则呈上升趋势。由此可见,植物耐盐性的强弱可能取决于根系受盐胁迫的影响程度。

另外,NaHCO$_3$ 对三种植物的胁迫作用强于 NaCl,NaCl 胁迫下植株存活率和生长状况优于 NaHCO$_3$ 胁迫,且植株的整体盐耐受性较强,这与禾本科虎尾草(李长有,2009)的研究结果一致。两者虽都属于钠盐,但 NaCl 是中性盐,NaHCO$_3$ 是碱性盐,碱性盐对植物的胁迫因素除了和中性盐共有的渗透胁迫和离子毒害外,还有高 pH 值及明显降低矿质元素的可利用性等方面,对植物的破坏强于中性盐(郎志红,2008),这也从另一层面说明碱性盐对一年生草本植物的胁迫作用强于中性。

4.4　荒漠绿洲过渡带典型一年生草本植物对干旱胁迫的响应

一年生草本植物是干旱半干旱荒漠生态系统植物区系的恒有层片(梁存柱 等,2002),广泛分布于荒漠区土质、沙质、砾质、石质、盐碱土等生境,对于荒漠生态系统生物多样性的维持和生态系统功能稳定发挥着不可替代的作用(李雪华 等,2006b)。目前,国内外关于荒漠地区一年生草本植物的研究已有大量报道。国外主要对一年生草本植物的生态意义和生存对策、物种丰富度和多样性、生长、繁殖和生产力以及季节动态等方面开展了研究(Madon et al.,1997;Brown,2003;Krieger et al.,2003;Robinson,2004)。例如,Madon 和 Medail(1997)对地中海一年生草本植物研究发现一年生植物具有高度的耐胁迫能力;Brown(2003)在科威特荒漠发现,在三个生长季节一年生草本植物的生物量受初雨的发生时间,生长期的降雨量及时间分布影响;Krieger 等(2003)发现一年生草本植物生命周期短,繁殖率高,对于干旱有很强的适应能力;Robinson(2004)发现在阿曼干旱林地荒漠,多年生植物可以通过叶片截留并重新分配降雨对一年生草本植物的生长和丰度的空间格局的影响。我国学者主要研究了荒漠地区一年生植物层片组织格局、生态适应模式(梁存柱 等,2002)、物种多样性(梁存柱 等,2003)、分布特征(张德魁 等,2009;何明珠,2010)、丰富度的季节变化及不同生活型植物生物量特征(陶冶 等,2011)、叶片对凝结水响应(庄艳丽 等,2010),更多关注干旱与半干旱地区荒漠群落一年生层片对于荒漠生态系统的稳定和防止土地荒漠化有重要作用(梁存柱 等,2002;张景光 等,2002a、b;梁存柱 等,2003;刘志民 等,2004;张德魁 等,2009;张继恩 等,2009;何明珠,2010;何玉惠 等,2010;庄艳丽 等,2010;周晓兵 等,2010;陶冶 等,2011;赵丽娅 等,2018;鲁延芳等,2019)。同时学者们还对荒漠地区一年生草本植物种子萌发(刘志民 等,2004;张继恩 等,2009;何玉惠 等,2010)和土壤种子库(赵丽娅 等,2018;鲁延芳 等,2019)、一年生植物的生理生态特征,例如光合速率(周晓兵 等,2010)、蒸腾速率和气孔导度(张景光 等,2002a)进行研究,阐释了一年生植物在生理特性上对环境的生态适应性,而目前探讨一年生植物对干旱胁迫的适应机制的研究还相对有限。

在干旱荒漠地区,降水稀少、不连续、不可预测,且小降水事件发生频率高、降水间隔期长(刘冰 等,2010),一年生草本植物作为机会主义者,高度顺应气候波动,对干旱胁迫和水分供应高度敏感,并能够在高温干旱时期通过调节生理、生长和繁殖策略,快速完成生活史,虽植株生长矮小,但结实较多(张景光 等,2002a;梁存柱 等,2003)。生长在干旱半干旱荒漠生态系统的一年生草本植物,在长期进化中形成了复杂多样的干旱胁迫适应对策,因此,一年生草本植物对干旱胁迫的响应机制研究一直是干旱荒漠生态系统研究的重点内容。例如,宋上伟等(2019)通过对野大麦(*Hordeumbrevisubulatum*)幼苗进行生理指标测定,研究表明,在遭受干旱胁迫的情况下,野大麦叶片脯氨酸含量呈连续上升趋势,可溶性糖呈先上升后下降趋势;郭郁频等(2014)也通过设置不同干旱胁迫条件,得出结论:随着干旱胁迫的加剧,早熟禾(*Poa annua L.*)幼苗叶片叶绿素含量呈下降趋势,脯氨酸含量、丙二醛含量总体呈上升趋势;李秋艳等(2006b)通过人工控制降水量处理水平模拟幼苗生长对生长季节内降水量变化的响应,得出结论:5 种荒漠植物能够调节对地上地下生物量的分配来适应环境变化;徐贵青等(2009)

对 3 种荒漠植物根系研究表明,根系在一定程度上具有向土壤湿润区域发展的向水特性。目前,更多学者关注植物对增温和控制降水量导致的干旱胁迫的响应,而天然环境下过长的降水间隔是影响植物的生理和生长的直接因素,但目前相关研究鲜有报道,导致我们还无法全面系统了解一年生草本植物对气候干旱的响应。

河西走廊地处我国西北干旱内陆地区,是重要的农业生产基地,但由于深居内陆、干旱少雨、风沙活动频繁,绿洲沙漠化严重,该区也是中国西北主要的沙漠化防治区(张建永 等,2015)。该区通过在荒漠绿洲过渡带建立人工固沙植被,保持绿洲生态环境稳定。经过近 50 a人工固沙植被的建立,人工林内灌木和多年生草本植物入侵稀少,而大量一年生草本植物入侵并定居,并成为人工固沙植被群落中草本层片的优势植物层片,对防治近地表风沙活动和保持沙面稳定发挥着至关重要的作用(王国华 等,2020)。该地区一年生植物主要由一年生禾本科、一年生藜科、十字花科组成,其中一年生禾本科虎尾草(*Chloris virgata*)和狗尾草(*Setaria viridis*)与一年生藜科雾冰藜(*Bassia dasyphylla*)是主要的优势种。由于降水匮乏,蒸发强烈,年际降水量波动大,年内降水分布极度不均匀,干旱胁迫成为该地区一年生草本植物最关键的影响因素。本节以河西走廊荒漠绿洲过渡带典型一年生草本植物(雾冰藜、虎尾草和狗尾草,以下称"3 种一年生草本植物")为研究对象,通过模拟不同降水间隔期对其进行胁迫处理,研究 3 种一年生草本植物在不同干旱胁迫下生理、生长和繁殖的响应规律,探讨植物形态指标和生理指标之间的关系,以期揭示干旱半干旱地区一年生草本植物的抗旱机制,进而为荒漠生态系统的科学管理提供理论支撑。

4.4.1　研究方法

4.4.1.1　试验设计

试验用种子于 2018 年 9 月采自河西走廊中国科学院临泽内陆河流域研究站附近的半固定沙丘上,同一物种的种子在 20～30 个植株个体上收集,自然风干并充分混合。实验室盆栽试验时间为 2019 年 6 月 1 日—9 月 15 日。花盆内直径为 30 cm,深 20 cm。每盆装中沙(粒径0.5～0.25 mm)3 kg,将纱布铺在花盆底部,阻止沙子漏出,同时可保持通气。选取籽粒饱满、大小基本一致且无病虫的 3 种一年生草本植物种子,每种单独播种于花盆内,每种植物播种20 盆,共 60 盆,每盆播种 50 粒,行距 3 cm,播深 2 cm(图 4.15),为了防止系统误差,60 个花盆随机摆放,并在每盆上用标签纸进行标号。用烧杯等量浇水至花盆底部渗出水,控制实验室温度为 15～25 ℃,以保证种子顺利出苗。自播种后每天记录出苗数,在停止出苗 3 d 后,每盆留 10 株长势良好、生长情况相近的植物进行正常浇水种植。

根据临泽站 40 a 降水资料统计(表 4.4),该区多年平均降水量为 118.4 mm,因此按照多年平均降水量设定试验期间正常水分条件(对照);此外,资料还显示,<10 d 的降水间隔期占比率最大,为年无降水期的67.56%,10～20 d 间隔期占 13.23%,且频率基本稳定,但>20 d 的间隔期频率明显下降且变异较大,因而本试验设定 5 d 间隔期(轻度干旱)、10 d 间隔期(中度

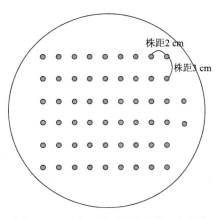

图 4.15　盆栽种植(行距、株距)示意图

干旱)、15 d间隔期(重度干旱)来模拟自然降水频率(韩刚 等,2010)。为减少水分蒸发,尽量保证土壤接受的实际降水量与设定的模拟降水量一致,模拟降水均在同一天的19:00—20:00内完成,并将试验设定的降水量均匀地洒在花盆中。3种植物正常生长至生长期与繁殖期转换期时开始进行干旱胁迫模拟试验并停止浇水,每隔5 d采样一次,干旱处理到15 d为止,为了测定植物在重度干旱胁迫下的恢复能力,对干旱胁迫15 d的植物进行自然复水(DS)并于复水第二天取样。取样时先用水将盆土充分浸泡,将土壤连同植株轻轻倒出,然后用流水慢慢冲洗,洗净根系上所有附泥,样品迅速带回实验室,放入4 ℃以下低温冰箱保存,测定各项指标。

表4.4 研究区40 a降水量、降水事件、降水间隔期频率分布

	降水量级(mm)					
	≤5	5.1~10	10.1~15	15.1~20	20.1~25	>25
降水量频率(%)	44.57±10.96	27.68±8.87	13.03±7.28	4.83±2.96	3.93±2.21	5.96±3.01
降水事件频率(%)	72.97±15.39	18.02±8.16	3.6±2.01	2.7±1.56	0.9±0.16	1.81±0.73

	降水间隔期(d)				
	<10	10~20	20~30	30~40	>40
频率(%)	68.65±8.62	13.68±6.53	10.01±4.31	3.84±2.49	3.82±2.26

4.4.1.2 测定指标与方法

生理参数:采用TTC法测定根系活力(刘新,2015);采用80%丙酮法测定叶绿素含量(刘新,2015);用硫代巴比妥酸法测定丙二醛含量(刘新,2015);采用酸性茚三酮法脯氨酸(刘新,2015);采用蒽酮比色法测定可溶性糖含量(张志良 等,2009);可溶性蛋白质含量用考马斯亮蓝G-250染色法测定(张志良 等,2009)。

形态参数:茎长、根长用直接测量法,用精确到0.01 cm的直尺测量。茎长是测量根部以上至穗以下的部分;根长是测量植物的主根根长。

繁殖参数:收集全部种子,于实验室晾干至恒重,测定百粒重;并测出单株结种数。以上指标均重复3次,取平均值。

4.4.1.3 数据分析

采用SPSS21.0进行单因素方差分析和Duncan's多重比较分析同一植物不同胁迫水平各个参数的差异显著性($P<0.05$),用相关性分析方法分析植物各生理之间的相关性。利用Origin8.0作图软件完成图形绘制。

4.4.2 3种一年生草本植物对干旱胁迫的生理、形态和繁殖响应

4.4.2.1 3种一年生草本植物对干旱胁迫的生理响应

在不同干旱胁迫下叶片渗透调节物质(脯氨酸、可溶性糖和可溶性蛋白)差异显著($P<0.05$),脯氨酸、可溶性糖含量基本趋势为随着干旱胁迫天数的增加而增加,可溶性蛋白含量随干旱胁迫天数增加呈先增大后减小:干旱胁迫5 d时,叶片脯氨酸、可溶性糖和可溶性蛋白含量均上升,脯氨酸含量上升幅度最大(190.81%、184.62%、51.80%);干旱胁迫10 d时,与对照相比可溶性蛋白含量增幅(652.80%、1045.85%、1333.48%)较大,并达到峰值;干旱胁迫15 d时,叶片可溶性蛋白含量有所下降,可溶性糖增幅(584.49%、197.12%、635.47%)较大(图4.16)。

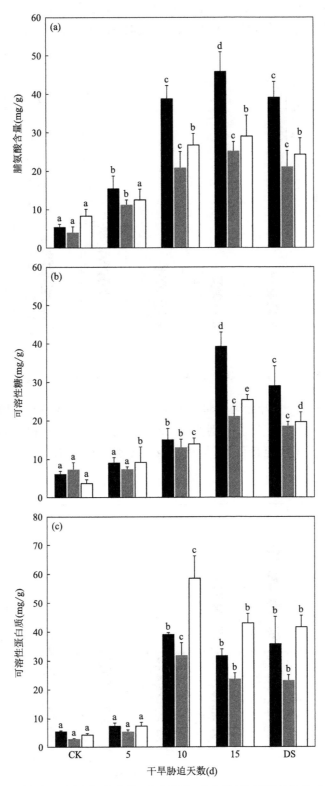

图 4.16　雾冰藜(黑色柱)、虎尾草(灰色柱)和狗尾草(白色柱)渗透调节物质对干旱胁迫的响应

注:柱上不同字母代表雾冰藜不同干旱胁迫处理差异显著($P<0.05$)

不同干旱胁迫下叶片丙二醛含量差异显著（$P<0.05$），随着干旱胁迫天数增加呈上升趋势：干旱胁迫 15 d 时，叶片丙二醛含量增大到最高值（7.41 mmol/g、14.16 mmol/g、10.34 mmol/g）（图 4.17）。

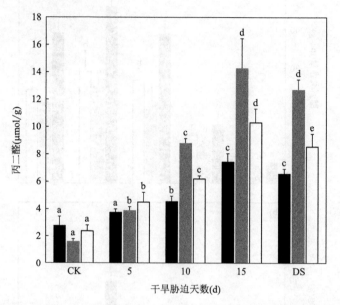

图 4.17　雾冰藜（黑色柱）、虎尾草（灰色柱）和狗尾草（白色柱）丙二醛含量对干旱胁迫的响应

在不同干旱胁迫下叶片叶绿素含量差异显著（$P<0.05$），随着干旱胁迫天数的增加，呈下降趋势：在对照组，叶绿素含量分别为 0.83 mg/g、0.48 mg/g 和 0.58 mg/g；干旱胁迫 15 d 时，叶片叶绿素含量降至最低值，与对照相比分别下降了 46.21%、39.69%和 33.34%（图 4.18）。

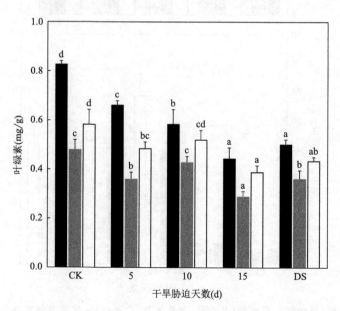

图 4.18　雾冰藜（黑色柱）、虎尾草（灰色柱）和狗尾草（白色柱）叶绿素含量对干旱胁迫的响应

在不同干旱胁迫下根系活力差异显著($P<0.05$),呈先上升后下降趋势:在干旱胁迫 5 d 时,各植物根系活力有所上升并达到最大值,分别升高 31.77%、17.89% 和 20.91%;随后逐渐降低,干旱胁迫 15 d 时,根系活力下降至最低值(图 4.19)。

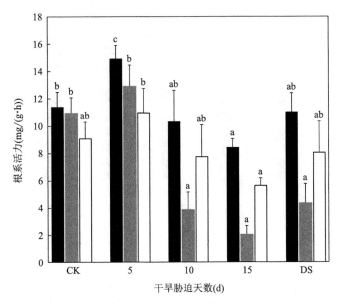

图 4.19　雾冰藜(黑色柱)、虎尾草(灰色柱)和狗尾草(白色柱)根系活力对干旱胁迫的响应

15 d 干旱胁迫复水后,叶片脯氨酸含量、可溶性糖含量和丙二醛含量均有所下降,叶绿素含量和根系活力均有所上升。

4.4.2.2　3 种一年生草本植物对干旱胁迫的形态响应

随着干旱胁迫天数增加,3 种植物根长伸长;虎尾草和狗尾草的茎长呈现出下降趋势,雾冰藜茎长呈上升趋势;雾冰藜根长与茎长度的比呈现下降趋势,虎尾草和狗尾草根长与茎长度的比呈现上升趋势。干旱胁迫 15 d 时,虎尾草和狗尾草茎长分别减少了 25.25% 和 26.59%,雾冰藜茎长上升了 44.61%,3 种植物根长较对照处理下伸长了 18.86%、26.38% 和 21.74%(图 4.20)。

4.4.2.3　3 种一年生草本植物对干旱胁迫的繁殖响应

在不同干旱胁迫下,结种数和百粒重均差异显著($P<0.05$):随着干旱胁迫天数的增加,结种数和百粒重总体呈下降趋势。干旱胁迫 15 d 时,结种数均降为最小值,与对照相比,分别降低了 67.82%、45.82% 和 46.97%(图 4.21a),百粒重降幅分别为 52.53%、61.52% 和 55.49%(图 4.21b)。

4.4.3　3 种一年生草本植物对干旱胁迫的响应

4.4.3.1　3 种一年生草本植物对干旱胁迫的生理响应

本研究发现,当 3 种一年生草本植物受到干旱胁迫时,叶片内会产生大量的渗透调节物质(脯氨酸、可溶性蛋白和可溶性糖),轻度干旱脯氨酸含量分别增加 190.81%、184.62%、51.80%,中度干旱可溶性蛋白含量分别增加 652.80%、1045.85%、1333.48%;而重度干旱复

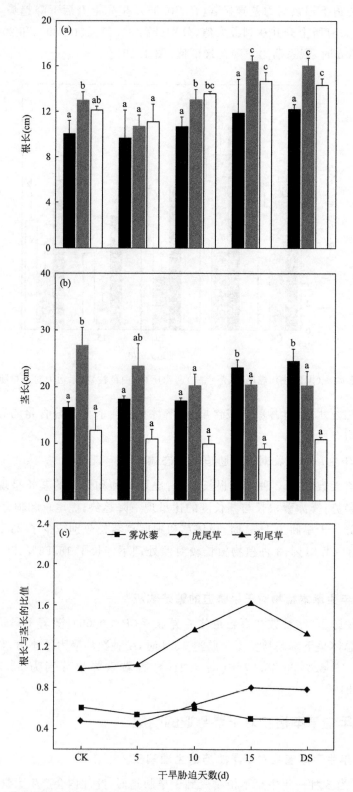

图 4.20 雾冰藜(黑色柱)、虎尾草(灰色柱)和狗尾草(白色柱)生长对干旱胁迫的响应

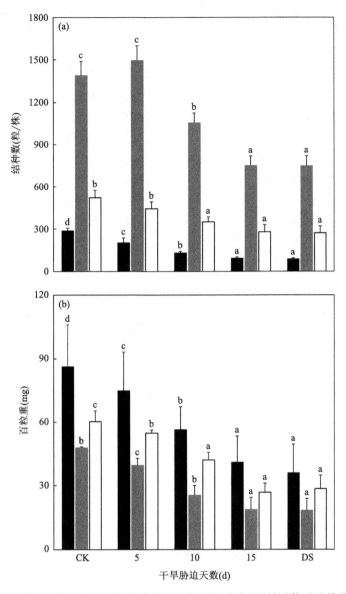

图 4.21　雾冰藜(黑色柱)、虎尾草(灰色柱)和狗尾草(白色柱)繁殖体对干旱胁迫的响应

水后,干旱胁迫被解除,3 种一年生草本植物的脯氨酸和可溶性糖含量向正常水平恢复,这说明这 3 种一年生草本植物在叶片渗透调节方面对复水表现出明显的响应,对于重度干旱胁迫的损伤仍具有较高的修复能力。很多研究表明,植物受到干旱胁迫时,叶片的细胞通过吸收无机离子(例如,Na^+、Ca^{2+})(Kang et al.,2017)或产生有机质溶质(王利界 等,2018;Ashraf et al.,2007;安玉艳 等,2011)维持渗透势,保持细胞继续吸水,维持叶片细胞组织具有一定的持水力或免于脱水,从而对干旱胁迫起到了缓冲保护的作用。3 种一年生草本植物受到干旱胁迫时,在植物叶片内会主动积累脯氨酸、可溶性蛋白和可溶性糖来提高渗透调节能力,维持细胞内外渗透平衡,保证细胞的保水能力,增强其抗旱性,尤其是脯氨酸,是一年生草本植物对干旱胁迫反应最为敏感的一种渗透调节物质(Mahajan et al.,2005)。在本研究区,年降水量只有大约 100 mm,<10 d 降水间隔期占比率(68%),降水发生时间和持续时间多变,荒漠一年

生草本植物在荒漠区长期处于干旱胁迫状态,增加叶片的脯氨酸、可溶性蛋白和可溶性糖含量,维持稳定渗透势,是荒漠一年生草本应对荒漠环境中干旱的关键生理适应策略。

同时,本研究发现 3 种一年生草本植物叶片内丙二醛含量也会随着干旱程度增加而增加(169.13%、804.65%、330.69%);3 种一年生草本植物叶片内叶绿素含量也会随着干旱程度增加而减少(下降 46.21%、39.69% 和 33.34%)。一般认为,当干旱对植物的胁迫程度较轻时,植物体内丙二醛在较低水平,一旦超过植物的耐受极限,导致脂质过氧化产物丙二醛的大量产生(谢志玉 等,2018)。丙二醛含量上升会加速叶绿素的分解,从而抑制植物光合作用和个体生长(余玲 等,2006)。在本研究中,轻度干旱胁迫下,丙二醛与渗透调节物质、叶绿素含量关系不显著,而随着干旱胁迫程度增加,丙二醛与渗透调节物质、叶绿素含量之间呈显著负相关关(表 4.5),这是由于轻度干旱时一年生草本植物叶片渗透调节物质上升,叶片丙二醛含量维持在较低水平,叶绿素含量增加;而中度和重度干旱胁迫时,丙二醛含量逐渐增加,丙二醛具有细胞毒性,与膜结构上的蛋白质结合,使蛋白质含量下降(郭郁频 等,2014),导致一年生草本植物的渗透调节作用不显著,同时叶绿素分解加速,从而使植物生长受到抑制。

表 4.5 干旱胁迫下 3 种一年生草本植物生理指标间的相关性分析

胁迫程度	指标			渗透调节物质			丙二醛 MDA	叶绿素
				脯氨酸	可溶性糖	可溶性蛋白		
轻度干旱胁迫(5 d)	渗透调节物质	脯氨酸	显著性	1				
			N	18				
		可溶性糖	显著性	−0.253	1			
			N	18	18			
		可溶性蛋白	显著性	0.140	0.641**	1		
			N	18	18	18		
	丙二醛		显著性	0.142	−0.316	−0.179	1	
			N	18	18	18	18	
	叶绿素		显著性	**0.544***	0.389	0.711**	−0.214	1
			N	18	18	18	18	18
中度干旱胁迫(10 d)	渗透调节物质	脯氨酸	显著性	1				
			N	18				
		可溶性糖	显著性	0.119	1			
			N	18	18			
		可溶性蛋白	显著性	0.076	0.051	1		
			N	18	18	18		
	丙二醛		显著性	−0.865**	**−0.474***	−0.361	1	
			N	18	18	18	18	
	叶绿素		显著性	0.759**	0.592**	0.267	−0.305	1
			N	18	18	18	18	18

胁迫程度	指标			渗透调节物质			丙二醛 MDA	叶绿素
				脯氨酸	可溶性糖	可溶性蛋白		
重度干旱胁迫（15 d）	渗透调节物质	脯氨酸	显著性	1				
			N	18				
		可溶性糖	显著性	0.887**	1			
			N	18	18			
		可溶性蛋白	显著性	0.080	0.131	1		
			N	18	18	18		
	丙二醛		显著性	−0.792**	−0.750**	**−0.539***	1	
			N	18	18	18	18	
	叶绿素		显著性	0.827**	0.831**	**0.477***	−0.898**	1
			N	18	18	18	18	18

注：* 表示显著相关（$P<0.05$），通过信度为 0.05 的显著性检验。

　* * 表示极显著相关（$P<0.01$），通过信度为 0.01 的显著性检验。

　N 表示样本个数。

本研究还发现，在轻度干旱条件下，3 种一年生草本植物根系活力为最大值，而随着干旱程度增加，根系活力逐渐降低。根系活力影响水分吸收，活力越强，越有益于水分吸收（韩建秋等，2007）。一年生草本植物在轻度干旱胁迫时，除了进行渗透调节以及光合作用调节，还会通过增加根系活力，保证根系从土壤中吸收更多水分，以缓解干旱对生长的抑制，从而表现出适应干旱环境的能力。

4.4.3.2　3 种一年生草本植物对干旱胁迫的形态响应

本研究发现，当降水的时间间隔增大，干旱程度加剧时，3 种一年生草本植物还可以通过个体形态调节进行适应，尤其在重度干旱胁迫时，茎长下降明显，植物增加地下根系投入，通过延伸主根系长度，增加根长来适应严重干旱。在荒漠生态系统，许多旱生植物对资源限制都可以做出类似的个体形态反应，根系会向较深土层延伸，在深层土壤吸收土壤水分（李秋艳 等，2006b；徐贵青 等，2009；王文 等，2013）。而对于浅根系的一年生草本植物，根系对降水和浅层土壤水分变化极为敏感，最先感知干旱胁迫，因而，在干旱胁迫时，根系最先反应，这是一种典型的"开源"策略（李文娆 等，2010）。

4.4.3.3　3 种一年生草本植物对干旱胁迫的繁殖响应

本研究还发现，轻度干旱和中度干旱时，一年生植物最大限度地提高繁殖输出，百粒重及结种数均维持在较高水平，而重度干旱胁迫时，一年生草本植物株的地上部生长受到抑制作用，直接导致了百粒重和结种数量下降，结种数分别下降 67.82%、45.82% 和 46.97%，百粒重分别下降 52.53%、61.52% 和 55.49%。有研究表明，植物受到严重干旱胁迫时，繁殖分配低即可保证其存活，如果提高繁殖分配，则会危及一年生草本植物的生存。资源利用学说认为，生境中的可利用资源是影响植物种群繁殖分配比例的重要因素，当资源不足时，植物会将更多的资源分配给营养结构以提高资源的获取能力（Willson，1983）。有研究表明，在不同干旱环境条件下，荒漠植物种子形态差异显著，这可能是荒漠植物适应干旱扰动的一种机制（刘志民等,2003a)。许多研究都预测干旱荒漠地区今后的极端干旱和极端降雨事件将更频繁(Allen et al.,2007),降水更加稀少,降水间隔期更大,干旱荒漠地区植物可能经受更为严重干旱胁迫。一年生草本植物作为机会主义者,在应对干旱时具有灵活的生长和繁殖适应策略,一年生草本植物在荒漠生态系统中作用将更加明显。

4.4.4 小结

本研究发现轻度和中度干旱胁迫时一年生草本植物主要通过生理调整:增加叶片脯氨酸含量、可溶性蛋白含量和可溶性糖含量维持叶片渗透压,提高保水能力,保证光合作用,并使丙二醛含量维持在较低水平,使植物维持正常体内生长环境;同时,轻度干旱时根系活力增强,有效促进根系水分吸收与生长。由于生理调整作用,轻度和中度干旱时百粒重及结种数均维持在较高水平。而在重度干旱胁迫下,叶片丙二醛含量迅速增加达到最高值,加速叶绿素分解使可溶性蛋白含量下降,渗透调节作用达到了极限,从而抑制植物光合作用和有效生长,植物开始启动个体形态响应(增加根系投入,减少地上茎干投入),根系延伸反映出一年生草本植物适应干旱逆境的一种"开源"策略。同时,重度干旱胁迫时,一年生草本植物地上部生长受到抑制,从而导致结种数和百粒重下降。

4.5 3种典型一年生藜科植物构件生长及生物量分配特征

荒漠广泛分布于干旱、半干旱地区(胡静霞 等,2017),尽管生产力很低,但是陆地生态系统的主要组成部分。在荒漠生态系统中,草本植物贡献了绝大部分的物种丰富度和多样性(肖遥 等,2014),在参与荒漠生态系统的能量转化和物质循环、防风固沙等方面起着十分重要的作用(安钰 等,2018)。尤其是一年生草本植物,广泛分布于沙质、砾质、盐土等各种荒漠中(张德魁 等,2009),是荒漠生态系统的恒有层片(梁存柱 等,2002),具有生活史短暂、繁殖能力强、高度可观测的物候特征等优点(李雪华 等,2006b),对荒漠生态系统的生产力、物种多样性和生态功能发挥着重要作用,在自然选择和长期进化过程中形成了完善的生存策略来应对荒漠环境的不确定性(党荣理 等,2002)。

荒漠一年生草本植物的构件生长和生物量分配变化是其对荒漠地区环境条件的适应和生长发育规律的体现(李雪华 等,2009;郝虎东 等,2009),且受遗传因素和外部环境的影响具有一定的生长可塑性(Silvertown,1982;洪雪男 等,2019)。探讨荒漠地区一年生草本植物的构件生长规律、生长可塑性和生物量分配特征,是深入研究该类植物适应与进化的基础,对其种群生长调节和生态功能研究具有重要意义(洪雪男 等,2019)。目前国内外学者对荒漠一年生草本植物的构件生长和生物量分配研究非常广泛,证明了一年生植物的构件生长速率和生物量分配模式会随环境条件变化而产生差异。例如,何玉惠等(2008)对科尔沁沙地狗尾草(*Setaria viridis*)生物量分配研究表明,在土壤水分、养分资源缺乏的情况下,狗尾草会增加根系生长的资源分配以获取足够的水分和养分,随着环境条件的改善则增加地上部生长的资源分配;谢然等(2015)对古尔班通古特沙漠4种一年生草本植物研究表明,4种植物对干旱荒漠环境具有趋同适应,构件特征间具有相同的生长速率,且地下生物量分配均随个体增大而减小;李雪华等(2009)对科尔沁沙地一年生草本植物研究表明,在营养资源短缺或气候干旱的环境下,草本植物以完成地上生长和繁殖为主,茎、叶的资源分配比例增加;周欣等(2014)对科尔沁沙地一年生草本植物的研究表明,沙地生境变化对植物生物量变化具有显著影响,沙丘固定过程中生物量逐渐增加。已有研究主要集中在不同生境和同一生长阶段,而对相同生境下,不同生长阶段间一年生草本植物的构件生长规律和生物量分配特征研究较少。

河西走廊深居内陆,干旱少雨,荒漠广布,绿洲镶嵌其中,生态系统脆弱,绿洲沙漠化严重,在荒漠绿洲边缘建设人工固沙林成为当地重要的防风固沙措施之一(Zhao et al.,2018),且种植面积逐渐扩大。随着人工林种植年限的增加,部分荒漠区植被逐渐恢复(Zhang et al.,2015),主要以灌木和草本为主,其中一年生草本植物占绝对优势(刘有军 等,2008),优势科主要有藜科、十字花科、禾本科和菊科,而藜科占有绝对优势,是该地区重要的建群种和共建种,分布广泛、适应恶劣环境能力强,在维持荒漠绿洲地区生态平衡等方面有着非常重要的作用(赵哈林 等,2004c;赵哈林 等,2008)。白茎盐生草(*Halogeton arachnoideus*)、刺沙蓬(*Salsola ruthenica*)和雾冰藜(*Bassia dasyphylla*)是河西走廊荒漠绿洲过渡带的优势藜科一年生草本植物,白茎盐生草具有聚盐特性,能够富集盐碱地盐分从而有效降低土壤表层含盐量,在生物防治盐碱中发挥重要作用(王文 等,2011)。雾冰藜和刺沙蓬具有良好的耐盐碱、抗风沙能力,是该地区的先锋固沙植物,且具有一定的药用价值。3 种植物在该地区分布广泛,是荒漠及盐碱地植物区系和生态系统的重要组成部分,能够在雨季迅速繁殖且繁殖能力强,是良好的固沙、抗旱和耐盐碱植物,对荒漠及盐碱地植被的恢复和演替有重要作用。目前关于白茎盐生草、雾冰藜和刺沙蓬的研究多见于群落结构(袁建立 等,2002)、生理生态特性(张景光 等,2002a)、种子萌发特性(刘志民 等,2004)和盐旱胁迫对种子萌发和幼苗生长的影响(程龙 等,2015;李辛 等,2018a)等,对其不同生长阶段的构件生长规律和生物量分配特征研究较少。

本研究选取河西走廊荒漠绿洲过渡带 3 种优势藜科一年生草本植物白茎盐生草、刺沙蓬和雾冰藜,对其在营养生长期不同阶段各构件的生长状况、生物量分配特征及其相互关系进行分析,有助于了解藜科一年生草本植物在营养生长期间的生长规律,揭示其在该时期对外界环境的适应策略,对深入了解该类植物的生存策略和后续保护与利用具有重要意义,同时为荒漠植被恢复与保护、生态系统保护、区域可持续发展等提供参考。

4.5.1　研究方法

4.5.1.1　材料和样地

供试样本采集于中国科学院临泽内陆河流域研究站附近荒漠绿洲过渡带,干旱荒漠区一年生草本植物生活史较短,6—9 月为主要生长期,经过一定时间的营养生长后能够积累足够的基本能量,为其向生殖生长转化做准备,而干旱荒漠区高温主要出现在 6 月、7 月,高温、干旱对草本植物生长尤为不利(全杜鹃,2012)。通过对中国科学院临泽内陆河流域研究站附近荒漠绿洲过渡带野外观测,发现 2018 年一年生草本植物存活数量极少,主要是当年高温天气多,降水稀少且历时短,尤其是 6—8 月,而该阶段是草本植物进行营养生长的主要时期,高温少雨环境下草本植物难以获取水分,无法积累供其生长和繁殖的基本能量。因此,选择在营养生长期(6—8 月)对白茎盐生草(HA:*Halogeton arachnoideus*)、刺沙蓬(SR:*Salsola ruthenica*)和雾冰藜(BD:*Bassia dasyphylla*)进行大样本取样。

依据野外观测发现,白茎盐生草、刺沙蓬和雾冰藜并不是混合生长,而是单一物种以斑块状聚集生长,因此,于 2019 年 4 月初在研究站附近荒漠绿洲过渡带为每一物种选择一块典型样地(30 m×30 m),每块样地又随机选取 10 块 9 m×9 m 的小样方,共计 30 个样方。3 块样地均位于丘间平地,基本无地貌差异,土壤类型均为风沙土,生境较均质。根据全杜鹃(2012)的藜科植物物候观测方法,3 种植物在幼苗长成后开始取样,现蕾时终止取样,共取样 3 次,时间依次为 6 月 15 日、7 月 10 日和 8 月 5 日,此时 3 种植物处于完全营养生长时期,按照取样时间将其划分为营养生长期前期、中期和后期。取样时,每个物种在 10 个样方内同时取样,每个小样方随机选取 3~4 株,一次取样每个物种共获取 30~40 株植株,3 次取样每个物种共取样 100 株,三个物种共取样 300 株。采用全株挖掘法完整地获取植物,根系尽可能挖深(前期至后期逐渐加深),以保证植株完整性(郭浩 等,2019)。从茎基部将根系剪下,将植株分为地上部和地下部,用直尺测量植株茎干高度(H)、冠幅长(L)、冠幅宽(W)和主根长(R),并记录分枝数量(B)、叶片数量(L)和侧根数量(r)。植株冲洗晾干后于 80 ℃烘箱内烘干至恒重,测定地上生物量(AGB)、地下生物量(BGB)和总生物量(TB)。

4.5.1.2　数据处理

将测定的每株植物的冠幅长(L)和冠幅宽(W)求平均值得到平均冠幅直径(D),进一步计算冠幅面积(C)和植冠体积(V),用测定的生物量指标计算根冠比(R/S),公式如下:

$$C = (L \times W \times \pi/4) \tag{4.8}$$

$$V = C \times H \tag{4.9}$$

$$R/S = 地下生物量/地上生物量 \tag{4.10}$$

以各数量指标的平均值(Mean)反映样本营养生长期的整体水平,最小值(Min)和最大值(Max)反映样本指标的实际范围,标准差(SD)和变异系数(CV)反映样本的绝对变异度和相对变异度(洪雪男 等,2019)。营养生长期不同阶段的数量指标均采取每一阶段内指标相对增长量的平均值±标准误(mean±SE),分别对不同阶段的 H、C、V、B、L、R、r、AGB 和 BGB 的相对增长量进行 one-way ANOVA 分析,采用 Duncan test 进行多重比较。

用 Excel2010 软件进行回归分析,选择线性函数模型($y = a + bx$)、幂函数模型($y = axb$)和指数函数模型($y = aebx$),依据各构件数量指标对生物量进行最优拟合(韩忠明 等,2006),其中,线性函数模型体现为同速生长关系,而幂函数和指数函数模型则体现为异速生长关系(田雪 等,2018)。地上构件选取茎干、分枝和叶片,地下构件选取主根和侧根。常规的数据分析和作图在 Excel2010 和 Origin8.0 中完成,One-way ANOVA 分析在 SPSS21.0 中完成。

4.5.2　3 种藜科植物构建数量性状、生物量特征

4.5.2.1　构件数量性状和生物量变异特征

营养生长期间,3 种藜科植物的构件数量性状和生物量表现出不同的变化特征(表 4.6)。地上构件中叶片数变化幅度最大,变异系数均大于 106%,其最大值分别是最小值的 904(白茎盐生草)、508(刺沙蓬)和 521(雾冰藜)倍,分枝数变化幅度较小;地下构件中侧根数变化幅度最大,变异系数均大于 63%,其最大值分别是最小值的 20、31 和 26 倍,主根长变化幅度较小;生物量积累方面,地上和地下生物量变化幅度相近,变异系数均大于 110%,为强变异。3 种植物的构件数量性状和生物量变异程度大小为:地上生物量>地下生物量>叶片>分枝>茎干>侧根>主根。

表 4.6　3 种藜科草本植物数量性状的变异特征

数量特征	物种	最小值	最大值	平均值	标准差 SD	变异系数 CV （%）
茎高 （cm）	HA	1.1	41.5	17.47	12.24	70.07
	SR	1.6	37.5	15.58	10.34	66.33
	BD	2.9	46	20.95	12.64	60.34
分枝数	HA	0	115	40.32	34.61	85.84
	SR	0	108	37.99	35.12	93.25
	BD	0	41	18.59	12.48	67.12
叶片数	HA	23	20785	4827.22	5594.90	115.90
	SR	31	15744	3069.94	3683.93	120.00
	BD	19	9889	2241.52	2379.73	106.17
主根长 （cm）	HA	4	39	15.93	7.34	46.10
	SR	5.1	58	18.64	10.57	56.74
	BD	4.3	80	21.52	13.14	61.06
侧根数	HA	0	20	7.04	5.19	73.70
	SR	0	31	12.04	7.63	63.35
	BD	1	26	8.81	6.14	69.69
地上生物量 （g）	HA	0.02	37.76	6.46	8.08	125.02
	SR	0.05	33.58	6.44	7.96	123.59
	BD	0.01	22.6	5.53	6.29	113.74
地下生物量 （g）	HA	0.003	3.64	0.58	0.72	125.52
	SR	0.006	2.21	0.49	0.57	117.47
	BD	0.002	3.01	0.66	0.74	110.80

注：物种 HA、SR 和 BD 分别代表白茎盐生草、刺沙蓬和雾冰藜，下同。

4.5.2.2　构件数量特征和生长规律

地上构件中，3 种植物的茎高（图 4.22a）、分枝数（图 4.22b）和叶片数（图 4.22c）的相对增长量在营养生长期不同阶段之间差异显著（$P<0.05$），随着营养生长期的推进，地上各构件均进行生长和物质积累，且植株的冠幅面积（图 4.22d）和植冠体积（图 4.22e）也在不断增加，除分枝外，各数量指标的相对增长量均在营养生长期后期达到最大，而分枝数则在中期达到最大。

地下构件中，白茎盐生草和雾冰藜的主根长（图 4.22f）和侧根数（图 4.22g）的相对增长量在营养生长期不同阶段差异显著，刺沙蓬则无显著差异。随着营养期的推进，3 种植物地下各构件均进行生长和物质积累，主根长的相对增长量在前期和中期较大，侧根数则在中期和后期较大。

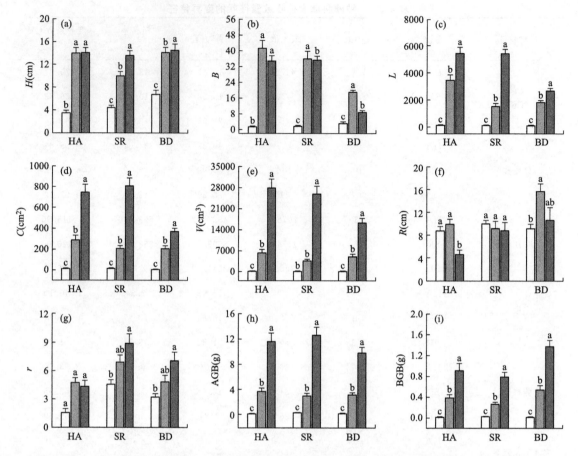

图 4.22　营养生长期不同阶段白茎盐生草、刺沙蓬和雾冰藜构件生长和
生物量积累特征(平均值±标准误)

注:HA 为白茎盐生草,SR 为刺沙蓬,BD 为雾冰藜;白色柱为营养生长期前期,灰色柱为中期,深灰色柱为后期;H 为茎高,B 为分枝数,L 为叶片数,C 为冠幅面积,V 为植冠体积,R 为主根长,r 为侧根数,AGB 为地上生物量,BGB 为地下生物量。柱上不同字母表示差异显著($P<0.05$),下同

　　生物量积累方面,3 种植物的地上生物量(图 4.22h)和地下生物量(图 4.22i)的相对增长量在营养生长期不同阶段差异显著,且随着营养生长期的推进不断增大,至后期最大。

4.5.2.3　构件数量性状与生物量的关系

　　(1)地上构件数量性状与地上生物量的关系

　　茎高与地上生物量关系中(图 4.23):营养生长期前期,3 种植物均呈极显著的指数函数关系(白茎盐生草、刺沙蓬和雾冰藜的 R^2 分别为 0.96、0.85 和 0.90);中期均呈极显著的幂函数关系(R^2 分别为 0.93、0.62 和 0.60),表现为异速生长;后期呈极显著或显著的指数函数关系(R^2 分别 0.40、0.20 和 0.39),表现为异速生长。

　　分枝数与地上生物量关系中(图 4.24):营养生长期前期和中期,3 种植物均呈极显著的指数函数关系(前期 R^2 分别为 0.96、0.85 和 0.87,中期 R^2 分别为 0.84、0.92 和 0.53),表现为异速生长;后期 3 种植物均呈极显著的线性函数关系(R^2 分别为 0.43、0.36 和 0.26),表现为同速生长。

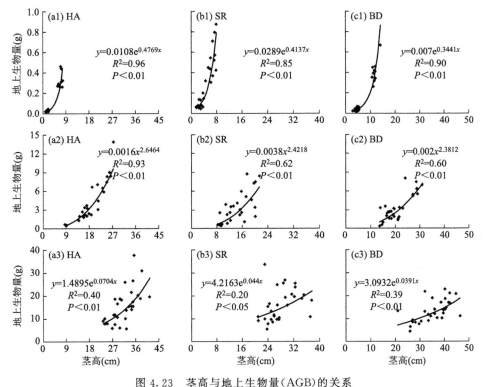

图 4.23　茎高与地上生物量（AGB）的关系

（a1）（b1）（c1）为营养生长期前期、（a2）（b2）（c2）为中期、（a3）（b3）（c3）为后期，下同

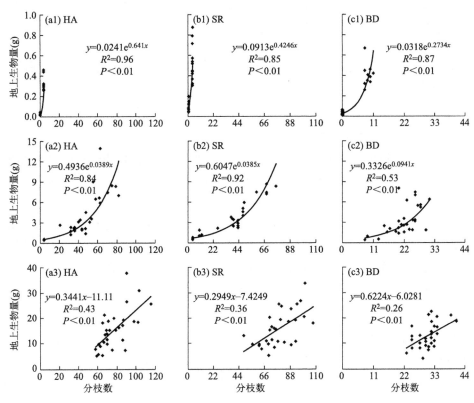

图 4.24　分枝数与地上生物量（AGB）的关系

叶片数与地上生物量关系中（图4.25）：营养生长期前期和中期，3种植物均呈极显著的幂函数关系（前期 R^2 分别为0.96、0.89和0.90，中期 R^2 分别为0.86、0.92和0.69），表现为异速生长；后期3种植物均呈极显著的线性函数关系（R^2 分别为0.70、0.75和0.49），表现为同速生长。

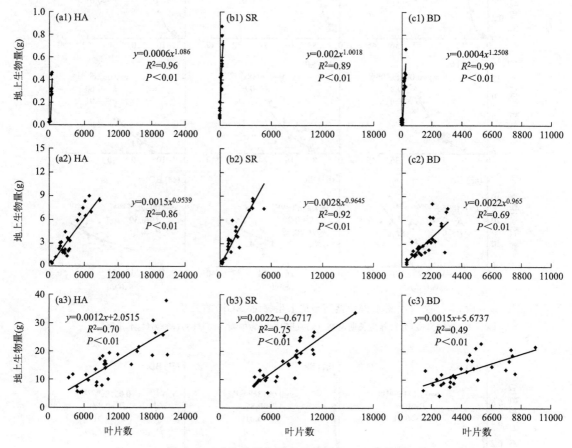

图4.25　叶片数量与地上生物量（AGB）的关系

（2）地下构件数量性状与地下生物量的关系

主根长与地下生物量关系中（图4.26）：营养生长期前期，3种植物均呈极显著的指数函数关系（白茎盐生草、刺沙蓬和雾冰藜的 R^2 分别为0.39、0.38和0.57），表现为异速生长；中期和后期关系均不显著。

侧根数与地下生物量关系中（图4.27）：营养生长期前期，3种植物均呈极显著的指数函数关系（R^2 分别为0.59、0.57和0.66），表现为异速生长；中期，白茎盐生草和刺沙蓬均呈显著的指数函数关系（R^2 分别为0.22和0.29），表现为异速生长，雾冰藜不显著；后期，雾冰藜呈显著的幂函数关系（$R^2=0.21$），表现为异速生长，白茎盐生草和刺沙蓬不显著。

4.5.2.4　生物量分配特征

3种植物的根冠比（R/S）在营养生长期前期达到最大值（0.15～0.17）（图4.28），随着营养生长期的推进呈递减趋势，后期最小（均在0.1左右）。另外，3种植物的根冠比均随植株个体大小的增加呈下降趋势（图4.29），表现为幂函数关系（白茎盐生草、刺沙蓬和雾冰藜的 R^2 分别为0.62、0.26和0.15），个体较小时下降速度较快。

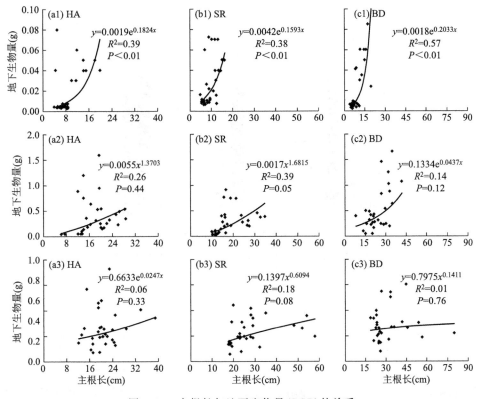

图 4.26 主根长与地下生物量（BGB）的关系

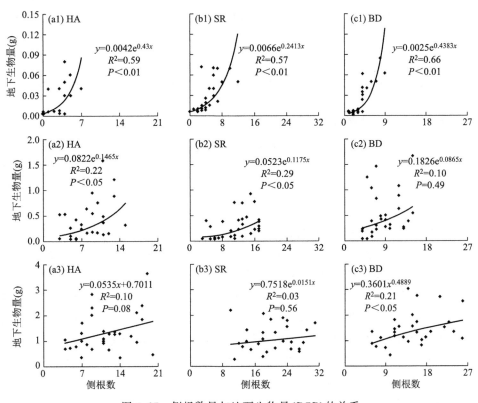

图 4.27 侧根数量与地下生物量（BGB）的关系

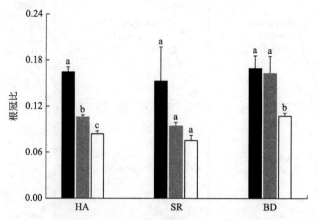

图 4.28　3 种藜科植物根冠比的变化趋势

深灰色柱为营养生长期前期,灰色柱为中期,白色柱为后期

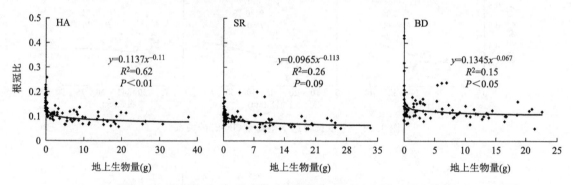

图 4.29　根冠比(R/S)随个体大小(地上生物量 AGB)的变化趋势

4.5.3　3 种藜科植物构件数量性状与生物量的关系以及生物量分配特征

4.5.3.1　构件生长规律及其可塑性

　　本研究发现,3 种藜科一年生草本植物的构件数量性状和生物量特征在营养生长期不同阶段存在显著差异,即主根生长主要发生在前期和中期,分枝生长主要发生在中期、而叶片和侧根的生长主要发生在中期和后期。有研究表明,在干旱荒漠环境中,一年生植物会因有限的资源(水、肥和光)产生个体竞争,而竞争主要发生在营养生长期不同阶段(张景光 等,2002b)。本研究中,3 种藜科植物在营养生长期前期以主根生长为主,主要为获取生长所需的基本水分资源,该阶段主要是主根竞争;而中期主要建造茎干、枝叶等支持组织,从水分需求转为对水分和养分需求,但干旱荒漠区降水有限,且降水事件中以小降水为主,往往只能湿润表层土壤(张德魁 等,2009),因此发育出较多浅层根系(侧根)才能在降雨发生后迅速吸收表层土壤水,此阶段主要是侧根的竞争;后期 3 种植物的根系已相对庞大,获取水分和养分的能力较强,为成功向生殖生长转换需要积累能量,此时植物从水分和养分需求转变为光能需求,植冠体积、冠幅面积的扩张和叶片的生长能提高植物对光照的获取能力和光合能力,从而合成更多的供其生殖构件生长的同化产物,而个体较大,枝叶较茂密的植株则有利于获得更多的光能,因此该阶段主要是枝叶竞争(可以用图 4.30 来说明 3 种藜科植物在不同生长阶段的资源需求与竞争

变化)。不同生长阶段下 3 种植物的构件生长规律,既是对干旱荒漠环境的适应,也是其个体竞争的表现。

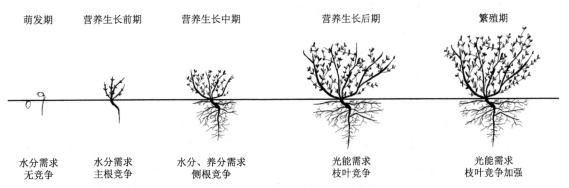

萌发期	营养生长前期	营养生长中期	营养生长后期	繁殖期
水分需求 无竞争	水分需求 主根竞争	水分、养分需求 侧根竞争	光能需求 枝叶竞争	光能需求 枝叶竞争加强

图 4.30　3 种藜科植物不同生长阶段的资源需求与竞争图解(以白茎盐生草为例)

同时,本研究还发现,3 种植物各数量性状的变异系数在营养生长期内差异较大。若将数量性状最大值和最小值的差异状况和变异系数作为衡量其可塑性的指标,从表 4.6 各数量性状的观测值范围和变异系数来看,3 种植物的构件生长均存在不同程度的可塑性,可塑性大小依次为叶片＞分枝＞茎干＞侧根＞主根。有研究表明,一年生草本植物能够通过自身的生长可塑性来增加对水分、养分和光能资源的利用,既是发挥各构件相应功能以适应环境变化的需要(闫小红 等,2017),也是恶劣环境下一种有效的自我保护机制(Carl et al.,2002)。本研究中,3 种植物的叶片和侧根的变异程度分别在地上、地下构件中最大,表明在干旱荒漠区水分、养分资源匮乏的情况下,3 种植物通过增大叶片和侧根的生长可塑性来增强光合作用和寻觅吸收水分的能力,是其对干旱环境的适应策略。

4.5.3.2　构件数量性状与生物量的关系

在植物生长分析研究中,R^2 作为拟合方程的确定系数,可用来衡量遗传因素的影响水平,而 $1-R^2$ 则体现外部环境的影响水平(杨允菲 等,2004;王俊炜 等,2005)。本研究发现,3 种藜科植物的构件数量性状与生物量关系中的 R^2 差异均较大。地上构件中,茎高、分枝数与地上生物量(AGB)关系中的 R^2 在营养生长期前期和中期均大于 0.53,后期均小于 0.43,表明茎高和分枝数在营养生长期前期和中期主要受遗传因素影响,而后期主要受外部环境影响;叶数与 AGB 关系中的 R^2 在营养生长期前期、中期和后期均大于 0.49,表明叶数在整个营养生长期内受遗传因素影响较大。地下构件中,主根长与地下生物量(BGB)关系中的 R^2 在营养生长期内的范围为 0.01～0.57,表明主根长在整个营养期内受外部环境影响较大;侧根与 BGB 关系中的 R^2 在营养生长期前期均大于 0.57,中期和后期均小于 0.29,表明侧根在营养生长期前期主要受遗传因素影响,而中期和后期则受外部环境影响较大。

同时,本研究还发现,3 种藜科植物的构件数量性状与生物量的关系因构件不同而存在差异,且营养生长期不同阶段的生长速率不同。地上构件数量性状与 AGB 关系中,营养生长期前期茎高、分枝数与 AGB 符合指数函数增长,而叶数与 AGB 符合幂函数增长;中期茎高、叶数与 AGB 符合幂函数增长,而分枝数与 AGB 符合指数函数增长;后期茎高与 AGB 符合指数函数增长,而分枝数、叶片数与 AGB 符合线性函数增长。地下构件数量性状与 BGB 关系中,营养生长期前期主根长、侧根数与 BGB 符合指数函数增长,而中期和后期关系不显著。在空间发展策略中,指数增长采取内部空间的优先补充策略,线性增长采取外部空间的优先扩展策略,而幂函数增长则采取内、外部空间兼顾的补充和拓展策略(田雪 等,2018)。本研究中,3 种植物的构件生长与生物量间在营养生长期前期有 80% 表现为指数函数关系,表明前期主要采取内部空间优先补充策略;中期有 66.7% 表现为幂函数关系,主要采取内外空间兼顾的补充和扩展策略;而后期有 66.7% 表现为线性函数关系,主要采取外部空间优先扩展策略。

4.5.3.3　生物量分配特征

本研究发现,随着营养生长期的推进,3 种植物的根冠比呈下降趋势。营养生长期前期,3 种植物为获取足够的水分资源以主根生长为主,根系资源分配较多,根冠比较大,而中后期以茎叶生长为主,根系资源分配减少,根冠比减小,表明随着生长期的推进,植物会将更多的能量优先分配给地上部分以保证其生长和繁殖,这与角果藜(*Ceratocarpus arenarius*)、沙蓬(*Agriophyllumsquarrosum*)(谢然 等,2015)、小画眉草(*Eragrostis minor*)和小山蒜(*Allium pallasii*)(陶冶 等,2012)等的研究结果一致。对生活史周期较短的一年生草本植物来说,生长后期将较多的能量投入到地上部分,减少对地下根系的投入是保证其进行繁殖和种群扩散的重要途径(兰海燕 等,2008;张景光 等,2005)。同时,本研究还发现,3 种植物的 R/S 随植株大小的增加呈异速减小趋势,植株越大,R/S 越小,根系生物量分配比例越小。谢然等(2015)和丁俊祥等(2016)对古尔班通古特沙漠 5 种藜科一年生草本植物研究结果表明,地下生物量分配比例均随植株个体的增大逐渐减小,Ledig 等(1996)的研究表明一年生草本植物的根冠比随植株增大而减小,均与本文的研究结果相似。由此可见,植株个体大小对生物量分配也有影响。

同时,本研究还发现,3 种藜科一年生草本植物的 R/S 均值为 0.12(0.11~0.15),其中以雾冰藜最大(0.15),刺沙蓬最小(0.11)。谢然等(2015)对古尔班通古特沙漠 4 种一年生草本植物的生物量研究表明,其 R/S 均值为 0.12,邱娟等(2007)对准噶尔荒漠 7 种短命植物的生物量研究表明,其 R/S 均值为 0.10,均与本研究结果相似。李雪华等(2009)对科尔沁沙地 35 种多年生草本植物研究表明,其 R/S 均值为 0.68,远高于当地和本研究中的一年生草本植物,陶冶等(2014)对准噶尔荒漠 6 种类短命植物的研究表明,其 R/S 范围为 0.36~3.1,远高于当地的一年生草本植物和短命植物。相比之下,一年生草本植物和短命植物的 R/S 远小于多年生植物和类短命植物,这种生物量分配模式的差异是植物对环境长期适应而形成不同生活型的结果(袁素芬 等,2010),一年生草本植物和短命植物均在当年完成生活史,不用保存多年生地下根系,因而对根系的生物量分配较少。处于河西走廊荒漠绿洲过渡带的白茎盐生草、刺沙蓬和雾冰藜,在气候干旱和营养资源缺乏的情况下,减少对根系的投入以完成地上部分的生长和繁殖,不仅体现了一年生草本植物的生长特性,同时也是对荒漠生存环境的适应。

4.5.4　小结

本研究中,3 种一年生藜科植物各构件的相对增长量在不同生长阶段存在差异。主根的相对增长量在营养生长期前期最大,而侧根、茎叶的相对增长量在营养生长期中期和后期较大,表明不同生长阶段 3 种植物各构件的生长速率不同,通过构件的协调发育来保证个体的正常发育。另外,3 种植物的各构件生长在营养生长期内均存在可塑性,地上构件和地下构件分别以叶片和侧根的可塑性最大,以此增加对干旱荒漠环境中水分、养分和光照资源的获取利用能力,这是其对资源压力做出的积极反应,也是对荒漠环境长期适应的结果,使其在荒漠环境中具有适应优势,从而保证种群延续。

3 种植物的构件数量性状和生物量积累的生长关系不同,随着营养生长期的推进表现出内部空间优先补充—内外空间兼顾的补充和扩展—外部空间优先扩展的空间发展策略,具有灵活的生长策略。拟合方程中,R^2 和 $1-R^2$ 可分别衡量遗传因素和外部环境对构件生长的影响水平,营养生长期后期,3 种植物的各构件生长主要受外部环境影响,而此时为营养生长向生殖生长转变的重要时期,外部环境的改变对其生长和繁殖产生影响,生存环境的保护尤为重要。

3 种植物的根冠比在不同生长阶段发生变化,但生物量主要分配到地上部分,且随着营养生长期的推进不断增加。同时,营养生长期中期和后期,3 种植物的地上构件数量性状与生物量主要呈显著的异速生长关系,而地下构件数量性状与生物量关系大多不显著,这些均体现了3 种植物具有地上部分优于地下部分的生长原则,在生活史过程中会将更多的资源优先分配给地上部分以保证生长和繁殖。在全球气候变化和人类活动加剧的影响下,建立人工林在今后仍是河西走廊荒漠绿洲过渡带生态恢复的主要措施。白茎盐生草、刺沙蓬和雾冰藜作为人工林内的优势一年生草本植物,其生存与繁衍与人工林息息相关,保护人工林生态系统的稳定是保护其生存和发展的必然选择。

第5章 荒漠绿洲过渡带敏感环境因素变化特征

5.1 3种典型垂直景观带土壤水分动态变化特征

在干旱地区内陆河流域,土壤水分是植物生长发育与生存的关键限制因子(刘佩伶 等,2021,王家强 等,2017),也是生态系统健康程度的关键指标(Hu et al.,2009)。在内陆河流域,景观类型多样、土壤异质性很强,不同景观类型土壤水分往往具有显著的时间变异性和空间分异性(Jia et al.,2014;程立平 等,2014;索立柱 等,2017),不同景观带下的土壤水分动态变化和分布特征也具有显著差异(刘发民 等,2002,常学尚 等,2021)。我国西北干旱区内陆河流域拥有相对独立的区域性生态与环境系统(康尔泗 等,2004),即由高山、绿洲、沙漠和河岸林等多种景观组成的独特和连续的生态系统,生态水文平衡关系微妙(Hu et al.,2015)。整体来看,我国西北干旱区内陆河流域主要由上游山区和中下游平原或盆地组成,上游基本为高山冰雪带和山区水源涵养林带,水量较为平衡,是流域内的径流产生区;而中下游地区多为山前绿洲或荒漠带,降水量远远小于蒸散发量,是径流流失区。因此,在一个内陆河流域,多变的气候和植被类型,有限的水土资源,日益强烈的人类活动导致流域生态和环境都极其脆弱,合理规划和开发利用水土资源是流域生态环境建设的基本前提。土壤水分状况是干旱地区内陆河流域重要生态限制因素,决定着土壤养分的有效性、土壤演化和土地生产力,制约了植被的形成和发展。因此,土壤水分的时间动态和时间变异也一直是我国干旱内陆河流域研究的重要内容。

目前针对西北干旱区内陆河流域土壤水分的时空变化特征研究多集中于流域内单一景观单元的监测分析。例如,在黑河上游祁连山青海云杉林(*Picea crassifolia*),土壤水分含量和变异系数随土层深度增加而呈下降趋势,且空间变异随海拔升高而增大(芦倩 等,2020);在塔里木河下游,土壤水分时空变化规律为土壤水分随河流距离增加而降低,随土层深度增加而增加(马晓东 等,2010);在新疆渭干河库车河中游绿洲,土壤水分空间变异规律为西部与南部是土壤含水量低值区,北部和东部为高值区,同时雨季土壤含水量最高(包青岭 等,2020);在新疆艾比湖流域土壤水分呈现出山区>平原、林地>农用地>草地>稀疏植被的特点,且四季变化差异显著(王瑾杰 等,2019)。这些研究表明我国西北内陆河流域不同景观类型土壤水分分布和水分运动过程往往具有不同的特征,这种差异原因主要和土壤类型、植被类型、地表覆盖等紧密相关。然而,目前针对系统研究整个流域内不同景观单元土壤水分时空分布规律和特征还相对较少,同时长时间连续观测数据也比较缺乏。

黑河流域位于欧亚大陆腹地,介于 $37°45'—42°40'$ N,$96°42'—102°04'$ E 之间,是我国西北典型的内陆河流域。由于远离海洋,气候干燥,蒸发强烈,水资源极度短缺,加之工农业活动增加,水资源与水环境问题日益突出,下游地区是黑河流域生态环境劣变最为严重的区域,集中表现在终端湖泊消失,因此,自 2000 年 8 月启动实施黑河分水以保证下游沿河周边生态环境恢复,生态环境得到改善。同时,作为典型的植被恢复区和气候敏感区,黑河流域具有明显的多层次垂直自然景观,各自然地理单元交错分布在流域内,对西部的区域生态水文影响巨大(陆峥 等,2020)。研究该流域典型景观梯度带土壤水分的动态变化规律,对合理有效利用水资源、促进植被恢复和生态环境建设具有重要意义。近些年来,许多学者针对黑河流域土壤水分动态变化做了大量研究,例如,蒋志成等(2021)对流域上游祁连山西水林区草地土壤水分特征的研究发现,土壤水分随土层深度增加呈先升后降趋势,随降雨量的增加呈上升趋势;刘发民等(2002)对流域中游荒漠地区人工梭梭林(*Haloxylon ammodendron*)土壤水分动态的研究发现,土壤含水量变化可分为 0～30 cm 表层干沙层、30～120 cm 较高含水层和 120～200 cm 低含水层;刘冰等(2011)对流域中游荒漠区土壤水分动态的研究发现,土壤水分含量在降水前后的差异极其显著,且随土层深度增加差异逐渐变小。然而,以往研究主要侧重于独立单一景观单元的土壤水分动态过程,例如荒漠(Curreli et al.,2013)、农田(Zhao et al.,2014)、林地(Wang et al.,2013)等,这些研究在研究思路和方法上提供了很多借鉴,但对于跨越多个景观带土壤水分动态的对比分析相对较少,取样方法上大多采用土钻取样,观测时间不连续,且多为一次调查取样,缺乏系统的、长期定位观测研究。事实上,自然条件下对黑河流域内典型景观带的土壤水分动态进行长期固定监测和对比分析,对干旱西北地区的生态系统功能、灌溉规划、农业管理、植被恢复等具有重要意义(Hu et al.,2015),同时还可以进一步为流域管理人员、生态规划人员和决策者提供有价值的参考。

本研究选择黑河流域为西北干旱区内陆河代表性流域,以山区水源涵养林带、荒漠绿洲边缘人工固沙林带和荒漠河岸林带为 3 个典型垂直景观带,分别在 3 个基本垂直景观带布设环境观测系统,对 3 个观测景观带的土壤水分动态进行长期定位连续监测,以揭示内陆河流域不同垂直景观带土壤水分时间(年、季)与空间(不同土层深度)的变化特征和分异规律,分析不同景观带土壤水分变化差异以及联系,为内陆河流域水资源的高效管理、植被建设、水土保持、农业建设和生态环境恢复与保护提供依据,进一步实现流域生态可持续发展。

5.1.1　数据来源与处理

2003—2007 年,在黑河流域上、中、下游 3 个观测地点均安装配备了 ENVIS 系统(德国 IMKO),观测仪器和传感器类型如下:净辐射,TYPE8110(奥地利 Wein GmbH & Co.KG);气压,PTB100(芬兰 Vaisala);地热通量,HFT-3 和 HFP01(英国 Campbell);风速和风向,RI-TA 和 LISA(德国 Siggelkow Geratebau);土壤水分,土壤水分观测管(德国 TRIME-TDR,IMKO)。由于 TRIME-TDR 测定结果会受管壁和土壤接触紧密程度的影响,因此安装过程严格按照说明书安装步骤完成,同时,对比野外不同水分条件下 TDR 测定结果和土钻取样烘干法得到的结果。土壤水分剖面测定深度为 0～20 cm、20～40 cm、40～60 cm、60～80 cm、80～120 cm 和 120～160 cm,每 1 h 读取一次实测数据。每个观测点选取 2003—2007 年 5 a 数据(43800 h 观测数据),取 24 h 读数的平均值作为该层日土壤体积含水量的测定值。与传统的土钻取样法和烘干法相比,本法快速易操作、无需采土样,无滞后现象,自动记录数据且数据较精确,受环境变化影响较小,适于野外定点连续观测。但是,由于冬季土壤表层和浅层可能出现冻土层,会影响土壤测量精度(液态水的介电常数和冻结后有巨大差异),因此本节土壤水分数据只是说明土壤液态水分变化,不包括土壤固态水分。利用 Excel2010 对观测数据进行初步处理,利用 SPSS21.0 对土壤水分进行单因素方差分析,利用 Origin8.0 做图。

土壤储水量的计算公式：

$$SWS = 0.1 \times \sum_{i=0}^{n} \theta_i \times H_i \tag{5.1}$$

式中，SWS 为 0～160 cm 土层的储水量(mm)，θ_i 为第 i 层的土壤体积含水量(cm^3/cm^3)，H_i 为第 i 层的土层厚度(cm)，$i=1,2,3,\cdots,n$ 为土壤剖面分层数(沈晗悦 等，2021；王艳莉 等，2015)。

土壤水分变异系数的计算公式：

$$CV = \frac{SD}{m} \tag{5.2}$$

式中，CV 为变异系数，SD 为标准差，m 为样本平均值。

5.1.2 土壤含水量、储水量和水分变异特征

5.1.2.1 不同景观带 0～160 cm 土壤水分动态变化特征

上游山区水源涵养林带土壤分层明显，即在 0～20 cm、20～40 cm、40～60 cm、60～80 cm 变化呈现相似性，而 80～120 cm 和 120～160 cm 波动较为相似，在 20～40 cm、40～60 cm、60～80 cm 土壤体积含水量总体呈波动上升趋势，而 120～160 cm 较为稳定(图 5.1a1—f1)；中游荒漠绿洲边缘人工固沙林带 0～160 cm 土壤水分波动较为相似，没有明显分层现象，土壤体积含水量总体呈上升趋势(图 5.1a2—f2)；下游荒漠河岸林带土壤分层明显，0～20 cm、20～40 cm、40～60 cm、60～80 cm 变化呈现相似性，而 80～120 cm 和 120～160 cm 波动较为相似，0～80 cm 土壤体积含水量均有降低的趋势，而深层 80～160 cm 土壤水分较为稳定，但土壤水分高值持续时间减弱(图 5.1a3—f3)。

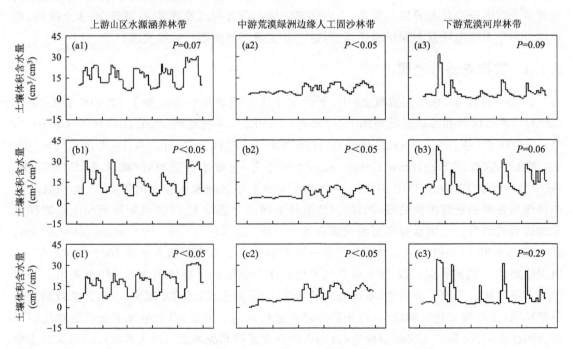

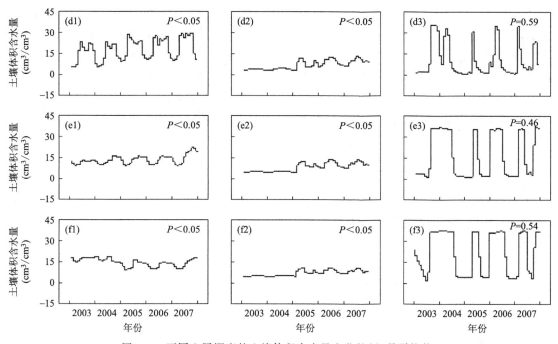

图 5.1　不同土层深度的土壤体积含水量变化特征(月平均值)

(a)(b)(c)(d)(e)(f)分别表示 0~20 cm、20~40 cm、40~60 cm、60~80 cm、80~120 cm 和 120~160 cm 土层深度

5.1.2.2　不同景观带 0~160 cm 土壤水分季节尺度动态变化特征

上游山区水源涵养林带在非生长季与生长季的土壤体积含水量总体都呈上升趋势,生长季土壤水分普遍高于非生长季(0.77%~17.08%),同时,生长季波动幅度明显高于非生长季,尤其是 0~80 cm 土壤水分生长季增加明显(图 5.2a);中游荒漠绿洲边缘人工固沙林 0~160 cm 非生长季与生长季的土壤体积含水量总体都呈上升趋势,2005—2007 年增加明显,尤其是在 40~60 cm(图 5.2b);下游荒漠河岸林带生长季的土壤体积含水量呈现降低趋势,尤其在 0~20 cm(图 5.2c)。

5.1.2.3　不同景观带土壤水分剖面特征

不同景观带土壤水分分布特征差异明显,上游山区水源涵养林带土壤水分含量在 0~80 cm 波动幅度较大,而 80~160 cm 土壤水分波动减弱,同时 0~80 cm 土壤水分比深层 80~160 cm 更高(图 5.1a1—f1,图 5.2a);中游荒漠绿洲边缘人工固沙林带土壤水分分布均匀,土壤水分变化趋势和数值大小较为一致(图 5.1a2—f2,图 5.2b);下游荒漠河岸林带不同土层水分含量在 0~80 cm 较为一致,而在 80~160 cm 趋势较为一致(图 5.1a3—f3,图 5.2c)。

5.1.2.4　不同景观带土壤储水量特征

年内变化上,上游山区水源涵养林带、中游荒漠绿洲边缘人工固沙林带 0~160 cm 土壤储水量呈先升后降趋势,高值区都位于生长季,且生长季(均值范围上游为 272.23~358.14 mm,中游为 74.67~178.9 mm)>非生长季(均值范围上游为 181.71~209.01 mm,中游为 60.15~135.04 mm);下游荒漠河岸林带 0~160 cm 土壤储水量波动较大,高值区为 4—5 月或 9—10 月,且非生长季高于生长季(均值范围非生长季为 234.81~293.09 mm,生长季为 209.63~

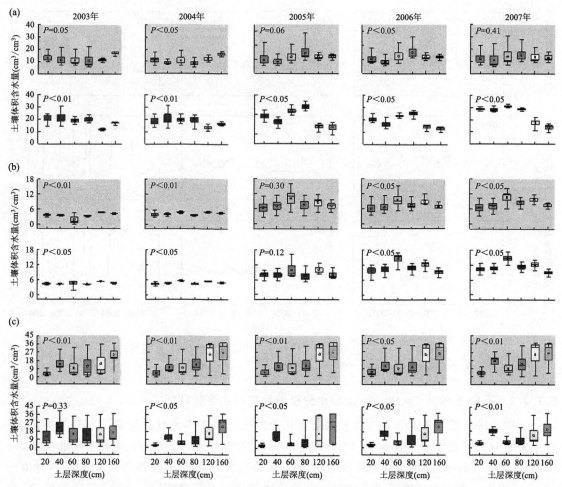

图 5.2　非生长季(灰色)与生长季(白色)不同土层深度的土壤体积含水量(月平均值)

(a)(b)(c)分别为上游山区水源涵养林带、中游荒漠绿洲边缘人工固沙林带和下游荒漠河岸林带

248.65 mm)(图 5.3,图 5.4)。年际变化上,上游山区水源涵养林带土壤储水量在生长季增加明显,中游荒漠绿洲边缘人工灌木林也呈显著上升趋势,而下游土壤储水量在生长季出现下降趋势(图 5.4)。

5.1.2.5　不同景观带土壤水分的变异特征

从土壤水分含量的变异系数来看:垂直分布上,随着土层深度的增加上游山区水源涵养林带呈下降趋势,20～40 cm 变异系数最大,120～160 cm 层变异系数最小(0.07～0.24);中游荒漠绿洲边缘人工灌木林变异系数呈下降趋势,最大值主要出现在 0～20 cm,而最小值出现在 120～160 cm;下游荒漠河岸林带呈先降后升趋势,20～40 cm 层变异系数最小(0.39～0.64),而 60～80 cm 变异系数最大(表 5.1)。从土壤储水量的变异系数来看:上游山区水源涵养林带和中游荒漠绿洲边缘人工固沙林带表现为非生长季(0.09～0.36 和 0.06～0.41)＞生长季(0.02～0.08 和 0.03～0.24),而下游荒漠河岸林带则表现为生长季(0.60～1.00)＞非生长季(0.67～0.77);同时,下游河岸林土壤储水量变异系数最大,中游次之,上游变异最小(表 5.2)。

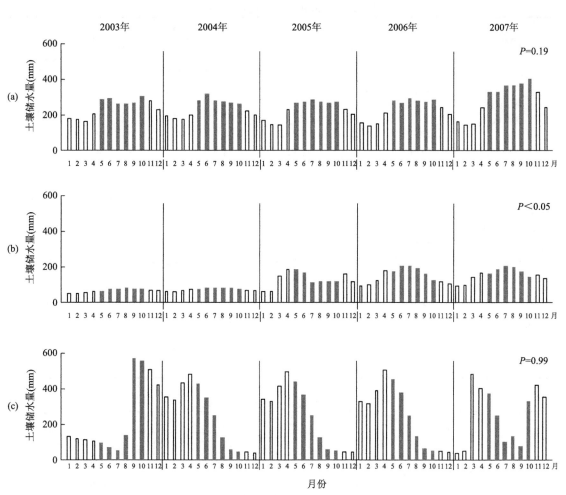

图 5.3　土壤储水量的月变化

（a）上游山区水源涵养林带，（b）中游荒漠绿洲边缘人工固沙林带，（c）下游荒漠河岸林带

白色柱表示非生长季，灰色柱表示生长季

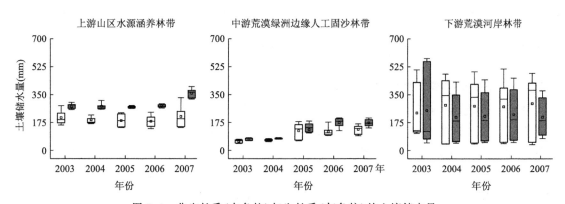

图 5.4　非生长季（白色柱）与生长季（灰色柱）的土壤储水量

表 5.1　土壤体积含水量的变异系数

观测点	年份	土层深度(cm)					
		0～20	20～40	40～60	60～80	80～120	120～160
上游山区水源涵养林带	2003	0.33	0.48	0.40	0.46	0.11	0.07
	2004	0.37	0.55	0.40	0.48	0.19	0.10
	2005	0.60	0.56	0.60	0.47	0.16	0.16
	2006	0.41	0.34	0.40	0.35	0.19	0.16
	2007	0.48	0.53	0.49	0.40	0.32	0.24
中游荒漠绿洲边缘人工固沙林带	2003	0.15	0.10	0.72	0.13	0.07	0.09
	2004	0.22	0.14	0.10	0.14	0.07	0.06
	2005	0.39	0.36	0.42	0.39	0.28	0.27
	2006	0.40	0.36	0.34	0.28	0.23	0.21
	2007	0.35	0.29	0.25	0.22	0.18	0.16
下游荒漠河岸林带	2003	1.30	0.64	1.09	1.21	1.11	0.66
	2004	1.10	0.57	1.08	1.12	0.84	0.64
	2005	0.89	0.59	0.90	1.85	1.53	1.09
	2006	0.98	0.61	1.14	1.18	0.84	0.65
	2007	0.63	0.39	0.85	1.00	0.84	0.68

表 5.2　土壤储水量的变异系数

观测点		年份				
		2003	2004	2005	2006	2007
上游山区水源涵养林带	非生长季	0.22	0.09	0.22	0.22	0.36
	生长季	0.07	0.07	0.02	0.03	0.08
中游荒漠绿洲边缘人工固沙林带	非生长季	0.13	0.06	0.41	0.25	0.22
	生长季	0.07	0.03	0.24	0.17	0.13
下游荒漠河岸林带	非生长季	0.77	0.68	0.68	0.69	0.67
	生长季	1.00	0.76	0.76	0.76	0.60

5.1.3　不同景观带土壤水分变化、变异程度

5.1.3.1　不同景观带土壤水分的时间动态

本研究发现,黑河流域上、中、下游不同景观带土壤水分时间动态特征差异明显。上游山区水源涵养林带和中游荒漠绿洲边缘人工灌木林 0～160 cm 土壤水分基本都呈上升趋势,而下游荒漠河岸 0～80 cm 土层土壤水分有下降趋势。上游土壤水分状况具有明显的季节性循环特征,土壤水分在非生长季处于低值,而在生长季(降水季)相对湿润条件处于高值,土壤水分值遵循降雨模式,因此,在 0～80 cm 土壤水分波动较大,而在深层 80～160 cm 土壤水分波动微弱,说明大部分降水事件入渗补给深度主要在 0～80 cm。在中游绿洲边缘人工林,风沙土保水能力差,土壤水分主要通过降水脉动得到补给,在短暂的降水后土壤水分迅速增加到田间持水量,之后在强烈的蒸散发作用下在相对较短的时间内土壤水分就下降到稳定低水平含

水量。在下游荒漠绿洲河岸林带,深层(80～120 cm 和 120～160 cm)土壤水分由于河水的稳定补给,土壤水分长期处于高值,而浅层(0～80 cm)土壤水分一方面可以得到间歇性洪水事件随机补给,即在洪水升高时处于高值区,而在洪水下降时处于低值区,但由于洪水事件发生的短暂性,因此下游土壤水分处于高值区的时间比上游和中游持续时间短。Mohanty 等(2001)通过对比不同质地土壤研究发现,沙壤土土壤水分比粉壤土具有更强的时间稳定性,而Jacobs 等(2004)认为具有中等的黏粒含量(28%～30%)土壤较为稳定,Hu 等(2010)认为砂土时间稳定性显著强于沙壤土和粉壤土。而本研究发现土壤水分时间动态特征受多种因素影响,例如土壤性质和水文因素,而不单单是土壤质地。

同时,本研究还发现,尽管上游山区水源涵养带、中游荒漠绿洲边缘人工固沙林带和下游荒漠河岸林带土壤水分特征差异显著,但波动节律较为一致。在干旱地区内陆河流域,土壤水分的补给主要来源于降水、河流水和地下水补给。当生长季来临,气温升高、冰雪消融、土壤水分补给增多,上游水源涵养林内相对湿度处于较高水平(彭焕华,2013),土壤蒸发较弱,土壤蓄积水量大于消耗水量,因此,土壤水分状况较好,土壤储水量较高,这与该地区青海云杉林土壤水分时间动态特征其他研究结果一致(芦倩 等,2020;范莉梅,2015)。在中游荒漠绿洲边缘人工固沙林带生长季降水集中(张克海,2020),每次降水后土壤水分会出现不同程度的上升,土壤储水量增加,非生长季在没有降水补给较少,土壤水分保持在稳定的低水平,这与刘发民等(2002)和王艳莉等(2015)关于该地区荒漠梭梭林和固沙林土壤水分时间变化的研究结果一致。下游荒漠河岸林带区域气候极端干旱,蒸发强烈(赵良菊 等,2008),地表径流和地下水是土壤水分的主要补给来源(付爱红 等,2014),尤其是深层土壤水分受到两者的调节作用,具有时间稳定性;而河岸林带浅层 0～80 cm 土壤水分出现下降趋势,这主要是由于河流汛期过后,地表水的减少和地下水位的下降,使土壤水分得不到补给而造成的。

5.1.3.2　不同景观带土壤水分的剖面特征

本研究发现,上游山区水源涵养林带土壤含水量分层显著,0～80 cm 土壤水分具有相似趋势,而 80～160 cm 具有相似趋势,这种土壤水分分层现象反映了土壤的垂直空间异质性,主要是由土壤质地所主导;而在中游荒漠绿洲边缘人工固沙林土壤水分变化趋势相近,这说明0～160 cm 剖面具有同质性;下游荒漠河岸林带与上游剖面分异规律具有类似特征,即 0～80 cm 土壤水分变化具有相似性,而 80～160 cm 具有相似性。在上游水源涵养林 0～80 cm 土壤水分为高值区,80～160 cm 为低值区,而下游河岸林带土壤水分空间分布特征正好相反,这可以间接说明上游是降水补给型,而下游则是地下水补给型。在中游荒漠绿洲边缘人工固沙林,土壤水分趋势较为一致,但土壤水分分布差异明显,这主要是由于 0～40 cm 土层水分含量受降雨和蒸发影响较大,在低降雨量、高蒸发量及沙壤土持水能力差的综合作用下,形成表层干沙层;40～60 cm 层为植被根系主要分布层(盛晋华 等,2004;朱丽 等,2017),生长季降水补给充足(Burgess et al.,1998;Schulze et al.,1998),因此该层为较高含水层;由于干旱地区降水都以小降水事件为主,80～160 cm 土层水分含量受降雨补给较小,且沙土保水持水能力较差,形成低含水层,这与刘发民等(2002)和张克海(2020)关于该地区梭梭林土壤水分垂直分布的研究结果一致。不同深度上,土壤水分在时间的变异系数表明浅层更容易受到降水和蒸发等环境因子影响的层次,随着土壤深度的增加土壤水分在时间上的变异不断降低。

同时,本研究发现,3 个景观带垂直剖面上各层土壤水分变异性差异显著。上游水源涵养林和中游荒漠绿洲边缘固沙林土壤水分变异性最小的主要位于深层 120～160 cm,而下游土壤水分变异最小的主要在浅层 40～60 cm;而上游和中游变异系数最大的主要位于土壤浅层 20～60 cm,而下游主要位于 60～80 cm。同时,3 个不同景观带土壤水分垂直变异程度差异明显。上游和中游土壤水分垂直变化相对较小,即土壤剖面上的相对土壤水分分布比较均匀,而下游荒漠河岸林带土壤水分分布相对更加不均匀,这些变化突出了土壤水分对当地土壤·水文条件的强烈依赖。例如,上游山区水源涵养林带浅层土壤水分变异系数较大,0～40 cm 浅层土壤水分主要受降水影响显著,降雨发生时土壤水分交换活跃,由雨时的快速增加向雨后的迅速降低转变(范莉梅,2015);而 80～160 cm 土层受频繁小降雨影响较小,同时蒸发弱(赵永宏 等,2016),土壤持水保水能力较强,因此该层变异系数较小。这些结果表明表层或者浅层土壤水分通常是植被生长的常用水分来源,受到降水入渗和蒸散发的强烈影响,而深层土壤水分通常发挥“土壤水库”的作用。而下游荒漠河岸林带土壤水分的变异性最大在中层(60～80 cm),这可能是受间歇性洪水补给的影响,多变的河流流量可能是其土壤水分变异的主要因素。冉有华等(2009)对黑河流域土壤水分进行了时间稳定性分析,认为表层土壤水分不稳定,40 cm 深度以下基本稳定。Heathman 等(2009)对美国大平原南部地区土壤水分时间稳定性分析结果也表明,大部分地区的表层水分稳定性不如剖面土壤水分。但是在干旱内陆河流域,由于景观多样性,影响土壤水分时间稳定性的因素多样且复杂,同时土壤水分动态变化还具有强烈的季节、深度和地形依赖性,致使相关研究结果很难建立统一的评价体系,特别是缺乏对土壤水分时间稳定性影响的潜在控制因子异质性或者同质性的前提设定。

5.1.3.3 不同景观带土壤水分的变异程度

黑河流域不同景观带土壤储水量呈现出明显的季节特征。从生长季和非生长季来看,上游山区水源涵养林带和中游荒漠绿洲边缘人工固沙林带生长季土壤储水量高,水分变异性小,而下游荒漠河岸林带非生长季土壤储水量较高,变异性最大,这与 Broccal 等(2007)、Dari 等(2019)和潘颜霞等(2007)关于不同季节土壤水分动态变化的研究结果较为一致。黑河分水计划将大量的水输送到极度干旱的下游地区以提高地下水位并恢复植被,但从土壤水分储水量看,下游生长季(尤其是 7—9 月)土壤水分还相对较少。

5.1.4 小结

黑河流域 3 种典型景观带土壤水分时空差异性显著。时间尺度上,上游山区水源涵养带和中游荒漠绿洲边缘人工固沙林带土壤水分含量时间稳定性较好,生长季和非生长季水分差异大,而下游荒漠河岸林带时间稳定性较差,土壤水分差异性强。土壤剖面垂直分布上,上游山区水源涵养林带表现为表层(0～20 cm)剧烈波动,中层(20～80 cm)稳定和深层(80～120 cm)较稳定,这说明上游土壤水分主要受降水和蒸发影响;中游荒漠绿洲边缘人工灌木林表现为表层干沙层(0～40 cm)、中层较高含水层(40～60 cm)和深层低含水层(80～160 cm),且土壤水分含量变异强度随土层加深而减小;下游荒漠河岸林带表现为表、中层较低含水层(0～80 cm)和深层高含水层(80～160 cm),中层受降水和蒸发以及河流来水量的影响,土壤水分含量变异系数最大。

5.2 荒漠绿洲过渡带地表水和地下水水化学特征

干旱半干旱地区降水稀少,蒸发强烈,地表水和地下水是生态系统水分循环的最为重要的组成部分(张圆浩 等,2020)。作为相互关联的水文连续体,地表水与地下水相互依存、相互制约且又相互独立,深入认识两者之间的作用和联系,对干旱半干旱地区水资源评价、合理利用水资源及其生态保护具有重要科学意义(潘国营 等,2009)。中国水资源总量约 28000 亿 m³,内陆河地区仅仅占到 5%,是典型的"缺水"地区,加之人口大量聚集于绿洲地区,用水矛盾突出,生态环境敏感,对干旱地区内陆河流域进行生态系统水质量评价对生态安全和经济发展甚至区域可持续发展至关重要(朱金峰 等,2017)。

黑河流域作为我国西北干旱区第二大内陆河流域,是我国西北地区最早开展农业大规模开发的流域(卢玲 等,2001),明晰地表水与地下水之间的相互转化关系是科学合理利用水资源的关键(司书红 等,2010;张清华 等,2020)。张掖绿洲作为黑河流域面积最大的人工绿洲,农业灌溉区广泛分布,是地表水与地下水联系交换最复杂的区域(郜银梁 等,2011;常学礼 等,2012;赵文智 等,2014),水化学离子的分析研究可以用来识别和控制水体的化学组成的基本过程,对地表风化作用、水体自身的迁移和转化过程有重要影响(Han et al. ,2004;杨铎,2020;沈贝贝 等,2020)。针对黑河流域水化学很多学者开展了研究。例如,刘蔚等(2004)对黑河流域地下水和垂直地带地表水水化学特征进行分析,发现垂直地带地表水随着海拔升高呈现由 HCO_3^- 向 HCO_3^-—SO_4^{2-} 转变的趋势。马李豪(2019)对流域地下水水化学特征规律进行研究,研究表明黑河上游地下水水化学类型以 HCO_3^-—Ca^{2+}—mg^{2+} 型和 SO_4^{2-}—Cl^-—Na^+ 型为主,中游以 SO_4^{2-}—HCO_3^-—Cl^-—mg^{2+} 型为主,下游以 SO_4^{2-}—Cl^-—Na^+—mg^{2+} 型为主。郜银梁等(2011)发现黑河中游灌区水化学特征的空间变化是从东南向西北不断演变,地表水和地下水离子也在不断变化。温小虎等(2004)对整个流域地表水与地下水水化学类型和化学特征进行了空间研究,从上游山区、中游盆地到下游,由 HCO_3^- 或 HCO_3^-—SO_4^{2-} 型向 SO_4^{2-}—HCO_3^- 再向 Cl^- 型转变。在黑河分水计划实施之后,中游地区地下水位持续上升引起了人们对该地区地表水和地下水来源和补给的研究(胡晓利 等,2009;钟方雷 等,2014)。然而,目前针对我国西北干旱地区荒漠绿洲边缘地表水和地下水离子长期连续监测和评估研究还相对较少,尤其是地表水和地下水水化学分析对于理解主要离子组分变化特征、阐明水循环过程中水岩相互作用机制以及评价水资源开发和利用现状具有重要理论和现实意义。

本研究区地表水主要包括两种:一种是流动的河流水,另一种是相对静止的水库水。因此,本文同时监测了河流水和水库水水离子动态变化特征以表征地表水整体水质状况。展开地表水和地下水水化学分布特征及演化机制研究,揭示其水体化学的特征及其分布规律,对进一步理解当前黑河中游盆地水资源供需矛盾和水资源开发利用等问题具有十分重要的理论和现实意义。

5.2.1　试验数据采集和数据分析方法

研究区在中国科学院生态系统研究网络临泽内陆河流域综合研究站(100°07′E,39°21′N,海拔 1367 m)进行,位于甘肃省河西走廊中部的临泽县平川镇境内(图 5.5)。属于温带大陆性荒漠气候,降水稀少而集中,气候干燥,光照长,辐射强;多年平均降水量为 117 mm,其中 7—9 月占 65%;多年平均蒸发量为 2390 mm,平均气温为 7.6 ℃。地带性土壤为灰棕漠土,绿洲农业靠黑河水资源灌溉,在长期的耕种下,形成绿洲潮土和灌漠土,并有大片的盐碱化土壤和风沙土分布。主要的荒漠植物种有梭梭(*Halaxylon ammodendron*)、沙拐枣(*Calligonummon-*

golicum）、柽柳（*Tamarix chinensis*）、白刺（*Nitraria tangutorum*）、红砂（*Reaumuria soongor-ica*）等。主要农作物有春小麦、玉米等。

黑河中游地质构造是相对独立的断陷盆地，盆地内第四系地层发育，堆积了较厚的第四系松散砂砾石、粗砂、细砂、粉砂质黏土等物质，第三系和白垩系地层构成盆地基底，由南至北，从洪积扇过渡为细土平原带。地下水至张掖—临泽一带以泉的形式溢出地表。在黑河沿岸地带，潜水位埋深＜3 m，含水介质以砂土、亚砂土、亚黏土互层为主。山体岩性主要为花岗片麻岩、花岗闪长岩变质岩（王文祥 等，2021），如图5.5所示。研究区地层中的岩石主要由：石膏、长石、石英、白云石、方解石等矿物组成，且其中含有大量的可溶性矿物，如石膏、盐岩、菱铁矿等，对水化成分产生作用。

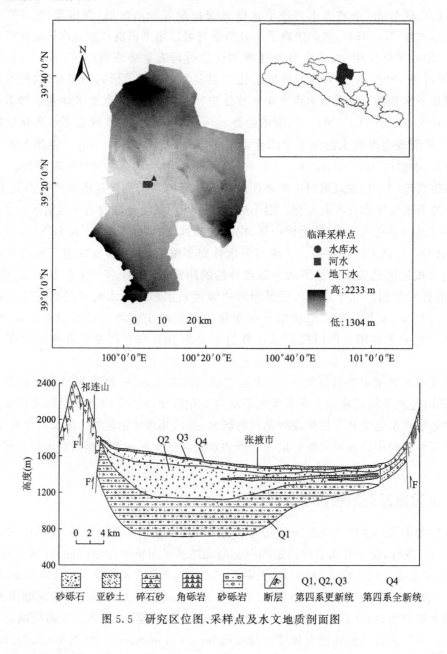

图 5.5 研究区位图、采样点及水文地质剖面图

平川水库、黑河中段河流水和地下水水离子的采样测量每年进行 2 次,分别是 5 月 18 日和 8 月 18 日。地表水的采样位置布设在平川乡附近的黑河河段,由于此处河流宽度在 50 m以下,所以只在河流中心布设一个采样点。另外,为了避免人类活动的影响,采样点应布设在平川乡的上游河段,在河流可直接用适当的容器采样,如水桶,但要注意不能混入水面上漂浮的物质。对深水水样采集时,可用直立式或有机玻璃采水器。地下水的采样位置布设在站区附近的水井,作为长期采样点,从井水采样,必须完全抽去吸水装置中积存的水后再正式采样,以保证水样能代表地下水水源。时间为每年旱季和雨季各 1 次,即每年 5 月的枯水期和 8 月的丰水期分别取样分析。水质的分析指标包括 Ca^{2+}、K^+、Na^+、NO_3^-、Mg^{2+}、SO_4^{2-}、Cl^-、HCO_3^-、矿化度。各个指标用特定方法保存,用密闭的取水桶送往具有水质分析国家认证资格的兰州市防疫站送检。

利用 SPSS19.0 对地表水库水、河水和地下水水化学相关参数进行描述统计分析,运用端元图、离子对比法、Pearson 相关性分析、单因素方差分析等方法描述水化学特征和演变机制,用 Origin8.0、GW-chart 软件(USGS 开发)绘图。

5.2.2　地表水和地下水水化学特征及来源

5.2.2.1　地表水和地下水水质统计特征

(1)水库水离子统计特征

水库水 pH 值范围是 7.37~8.3,平均值为 7.77,属于中性偏碱性水;TDS 含量变化范围为 240~790.03 mg/L,平均值是 475.961 mg/L,阳离子浓度大小依次为 Ca^{2+}>Na^+>Mg^{2+}>K^+,平均浓度分别是 47.53 mg/L、39.30 mg/L、31.73 mg/L、4.34 mg/L,水库水中优势阳离子为 Ca^{2+} 和 Na^+;阴离子浓度大小依次为 HCO_3^->SO_4^{2-}>Cl^->NO_3^-,平均浓度分别为225.56 mg/L、104.32 mg/L、25.91 mg/L、5.68 mg/L,水库水中优势阴离子为 HCO_3^-和 SO_4^{2-}

河水 pH 值范围是 7.12~8.40,平均值为 7.74,属于中性偏碱性水;河水的 TDS 含量变化范围为 248~971.95 mg/L,平均值是 538.33 mg/L,阳离子浓度大小依次为 Ca^{2+}>Na^+>Mg^{2+}>K^+,平均浓度分别是 61.10 mg/L、50.68 mg/L、29.75 mg/L、4.73 mg/L,河水中优势阳离子为 Ca^{2+} 和 Na^+;阴离子浓度大小依次为 HCO_3^->SO_4^{2-}>Cl^->NO_3^-,平均浓度分别为 262.74 mg/L、134.27 mg/L、33.83 mg/L、6.31 mg/L,河水中优势阴离子为 HCO_3^- 和SO_4^{2-}(表 5.3)。

表 5.3　不同水类型主要离子 2005—2013 年均值含量及特征值

类型		pH	Ca^{2+}	K^+	Na^+	Mg^{2+}	NO_3^-	SO_4^{2-}	Cl^-	HCO_3^-	TDS
地下水	最大值	8.40	113.37	12.29	112.67	88.89	82.41	39.29	86.78	366.20	1126
	最小值	7.09	39.93	2.30	18.56	5.60	3.20	561.74	12.35	207.50	521.27
	平均值	7.05	84.67	5.29	71.0	55.4	30.46	233.04	55.95	307.81	855.16
	标准差	1.78	22.04	2.84	28.53	27.11	26.33	135.95	15.38	47.61	185.96
	变异系数(%)	25.24	26.03	53.69	40.13	48.87	86.44	58.34	27.49	15.47	21.75

类型		pH	Ca^{2+}	K^+	Na^+	Mg^{2+}	NO_3^-	SO_4^{2-}	Cl^-	HCO_3^-	TDS
河水	最大值	8.40	171.54	8.56	95.88	46.70	12.85	420.26	53.65	395.84	971.95
	最小值	7.12	17.38	2.51	21.23	1.19	1.30	46.11	7.21	184.28	248
	平均值	7.74	61.10	4.73	50.68	29.75	6.31	134.27	33.83	262.7	538.33
	标准差	0.39	31.52	1.76	19.46	12.58	3.33	87.56	13.23	50.89	168.57
	变异系数(%)	5.09	51.59	37.21	38.40	42.29	52.77	65.21	39.11	19.37	31.31
水库水	最大值	8.30	75.35	9.34	65.60	58.94	18.5	213.73	50.34	312.42	790.03
	最小值	7.37	32.3	0.15	22.77	3.22	1.28	41.49	13.86	163.53	240
	平均值	7.77	47.53	4.34	39.30	31.73	5.68	104.32	25.91	225.56	475.961
	标准差	0.275	11.84	2.36	11.24	13.79	5.14	53.09	10.12	44.86	169.22
	变异系数(%)	3.53	24.91	54.38	28.60	43.46	90.49	50.89	40.32	19.89	35.56

(2)地下水离子统计特征

地下水 pH 值范围是 7.09～8.40,平均值为 7.09,属于中性水;地下水的 TDS 含量变化范围为 521.27～1126 mg/L,平均值是 855.16 mg/L,阳离子浓度大小依次为 Ca^{2+}＞Na^+＞Mg^{2+}＞K^+,平均浓度分别是 84.67 mg/L、71.09 mg/L、55.47 mg/L、5.29 mg/L,地下水中优势阳离子为 Ca^{2+}、Na^+ 和 Mg^{2+};阴离子质量浓度大小依次为 HCO_3^-＞SO_4^{2-}＞Cl^-＞NO_3^-,平均浓度分别为 307.81 mg/L、233.041 mg/L、55.95 mg/L、30.46 mg/L,地下水中优势阴离子为 HCO_3^- 和 SO_4^{2-}(表 5.3)。对比三种水类型,地下水的 TDS 明显高于地表水,Mg^{2+}、SO_4^{2-}、NO_3^- 离子变异系数较大,反映出这些离子对周围环境因素的变化较为敏感,说明易受自然和人类活动影响。

为了进一步说明黑河中游地表水和地下水离子浓度水平,将研究区河水和地下水离子浓度与其他人在黑河流域研究进行对比(表 5.4),可以看出研究区河水中离子含量均比梨园河、黑河上游要高;研究区地下水离子除了 Cl^-、HCO_3^-,其他离子含量比梨园河高;地下水 Na^+、Cl^-、SO_4^{2-}、HCO_3^- 含量是黑河干流上游的 1.62～9.34 倍不等。黑河干流下游 Mg^{2+}、Na^+、Cl^-、SO_4^{2-} 含量远高于研究区。研究区河水与平川灌区、地下水与黑河中游的走廊平原离子特征较为接近,主要原因是同为黑河中游地区,水汽来源一致,在气候、水文地质方面等都十分接近。

表 5.4 研究区地表水和地下水主离子浓度与其他人在黑河流域研究水体离子浓度对比

		离子浓度(mg/L)								
		pH	Ca^{2+}	Mg^{2+}	Na^+	K^+	Cl^-	SO_4^{2-}	HCO_3^-	TDS
河水	平川(邸银梁 等,2011)	8.4	53.55	38.49	44.44	4.456	84.23	164.8	219.6	473.9
	黑河干流上游(聂振龙 等,2005)	7.9	57.6	21.5	15.7	2.4	10	86.1	204.4	412.7
	梨园河(党慧慧 等,2015)	8.3	48.3	19.7	17.6	1.9	9.1	64	179.4	195.1
	本研究区	7.74	61.10	29.75	50.68	4.73	33.83	134.27	262.7	538.33

续表

		离子浓度(mg/L)							
		pH	Ca²⁺	Mg²⁺	Na⁺	K⁺	Cl⁻	SO₄²⁻	HCO₃⁻	TDS

		pH	Ca^{2+}	Mg^{2+}	Na^+	K^+	Cl^-	SO_4^{2-}	HCO_3^-	TDS
地下水	梨园河（郜银梁 等，2011）	7.67	61.02	51.76	35.67	2.60	63.17	126.5	338.55	492.3
	黑河干流上游（聂振龙 等，2005）	7.8	46.5	24.1	7.6	1.3	9.2	69.2	190.4	356.8
	黑河干流下游（聂振龙 等，2005）	7.8	67.6	79.2	222.9	10.5	181.9	441.6	303	1340.9
	中游走廊平原（马李豪，2019）	7.8	79	72.6	16.17	11.8	150.4	339.5	338.2	841
	本研究区	7.05	84.67	55.4	71.0	5.29	55.95	233.04	307.81	855.16

5.2.2.2　不同离子的时空变化特征

在 2005—2013 年间地下水盐分浓度随时间呈波动上升趋势，而地表水变化不大，整体呈微弱下降趋势（图 5.6）。2005—2007 年，地下水盐分离子波动下降，尤其在 2007 年，出现一个极小值，2007 年之后离子浓度波动上升。其中 Ca^{2+}、Na^+、HCO_3^- 浓度 2007 年之后逐年上升，Ca^{2+} 从 41.93 mg/L 上升到 112.77 mg/L，Na^+ 从 26.63 mg/L 上升到 104.19 mg/L，HCO_3^- 浓度从 209.51 mg/L 上升到 345.68 mg/L（图 5.6a、b、h）；Mg^{2+}、Cl^-、SO_4^{2-}、NO_3^- 浓度波动上升趋势，其中 SO_4^{2-}、NO_3^- 浓度分别上升了 10.65 倍、12.11 倍（图 5.6d—g）。SO_4^{2-}、K^+、Na^+、Cl^-、NO_3^- 浓度是地下水＞河水＞水库水，三种水体离子浓度都呈现地下水＞地表水趋势（图 5.6）。地下水和河流水 SO_4^{2-}、Mg^{2+} 浓度变化趋势大致相同，由于黑河中游灌区地表水和地下水交换复杂频繁，这可能导致地表水和地下水某些离子变化趋势相似。

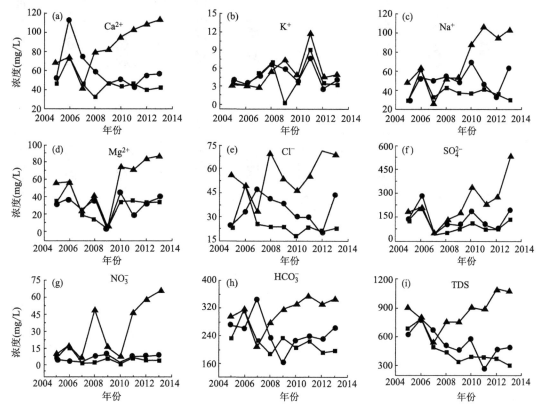

图 5.6　不同采样点水离子年际变化曲线（其中 ▲ 代表地下水；● 代表河水；■ 代表水库水）

水库水整体随着季节变化较小,大部分离子随着季节变化呈下降趋势,离子在水库水观测点呈现出 5 月高于 8 月的特征(图 5.7)。在河水中 Ca^{2+}、K^+、SO_4^{2-} 呈现出 8 月高于 5 月的特征。在地下水中,离子除了 NO_3^- 之外季节变化幅度都不大,NO_3^- 离子呈现出 8 月高于 5 月的特征。

方差分析结果显示,水库水、河水和地下水区域的 Ca^{2+}、SO_4^{2-}、NO_3^-、Mg^{2+}、Cl^-、HCO_3^-、TDS 浓度的均值存在显著差异(表 5.5)。地下水中 Ca^{2+}、SO_4^{2-}、NO_3^-、Mg^{2+}、Cl^-、HCO_3^-、TDS 浓度的均值分别为 84.67 mg/L、233.04 mg/L、30.46 mg/L、55.47 mg/L、55.95 mg/L、307.81 mg/L、855.16 mg/L,显著高于地表静止水和地表流动水类型。K^+ 的浓度在三种水类型上的差异不显著。

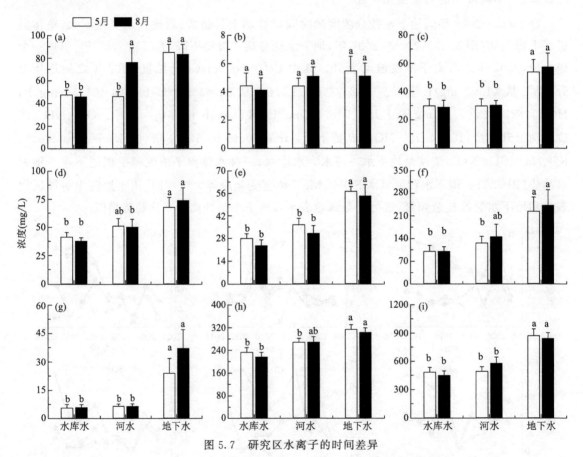

图 5.7　研究区水离子的时间差异

(a)Ca^{2+};(b)K^+;(c)Mg^{2+};(d)Na^+;(e)Cl^-;(f)SO_4^{2-};(g)NO_3^-;(h)HCO_3^-;(i)TDS

表 5.5　不同水类型水质因子方差分析和多重比较

水质标准	水库水	河水	地下水	P
Ca^{2+}	46.67±3.86[b]	61.10±7.08[b]	84.67±7.45[a]	0.001**
K^+	4.26±0.86	4.73±0.56	5.29±0.94	0.668
Na^+	39.52±3.38[b]	50.68±4.26[b]	71.09±9.41[a]	0.06
Mg^{2+}	29.20±5.10[b]	29.75±4.23[b]	55.47±9.20[a]	0.001**
NO_3^-	5.5003±1.65[b]	6.31±0.93[b]	30.46±7.94[a]	0.019*

水质标准	水库水	河水	地下水	P
SO_4^{2-}	99.75 ± 17.73^b	134.27 ± 24.33^b	233.04 ± 46.32^a	0.013^*
Cl^-	25.71 ± 3.08^b	33.83 ± 2.98^b	55.95 ± 4.15^a	$<0.001^{***}$
HCO_3^-	224.02 ± 12.54^b	248.14 ± 16.13^b	307.81 ± 14.69^a	0.001^{**}
TDS	465.93 ± 55.00^b	538.33 ± 49.65^b	855.16 ± 57.77^a	$<0.001^{***}$

注：*表示在 0.05 水平上呈显著差异；**表示在 0.01 水平上呈显著差异；***表示在 0.001 水平上呈显著差异。

a、b、c 表示 3 类水型的同一水质标准间差异显著。

5.2.2.3　不同水体水化学类型及控制因素

(1)2005—2013 年间不同水体水化学类型变化

2005—2013 年间(图 5.8)，在 2005 年，地表水和地下水水化学类型大致相同，阳离子主要分布在 $Ca^{2+}+Mg^{2+}$ 轴，阴离子主要分布在 HCO_3^- 轴，水化学类型主要是 $HCO_3^-—SO_4^{2-}—Ca^{2+}—Mg^{2+}$；在 2007 年，相较上一个阶段 HCO_3^- 含量上升，SO_4^{2-} 含量下降，地表水和地下水的水化学类型大致相同，主要是 $HCO_3^-—Ca^{2+}—Na^+$；水库水化学类型介于河水和地下水之间。在 2009 年，相较上一个阶段 Ca^{2+}、Mg^{2+} 含量(尤其是 Mg^{2+} 含量)下降，地表水和地下水水化学类型为 $HCO_3^-—Ca^{2+}—Na^+$ 型水。在 2011 年，相较上一个阶段 Mg^{2+}、SO_4^{2-} 含量上升，水库水水化学类型为 $HCO_3^-—Ca^{2+}—Na^+—Mg^{2+}$，河水水化学类型为 $HCO_3^-—SO_4^{2-}—Ca^{2+}$，地下水水化学类型为 $HCO_3^-—SO_4^{2-}—Ca^{2+}—Na^+$。在 2013 年，相较上一个阶段 HCO_3^- 含量下降，SO_4^{2-}、Cl^- 含量上升，水库水水化学类型为 $HCO_3^-—SO_4^{2-}—Ca^{2+}—Mg^{2+}$，河水水化学类型为 $HCO_3^-—SO_4^{2-}—Ca^{2+}—Na^+$，地下水水化学类型为 $SO_4^{2-}—HCO_3^-—Ca^{2+}—Na^+—Mg^{2+}$。在阳离子中，$Ca^{2+}$ 是主要离子，Mg^{2+}、Na^+ 随着年际变化较大，而阴离子到后期 HCO_3^- 比重有所下降，SO_4^{2-} 和 Cl^- 比重上升。

(2)主离子来源及控制因素

将本研究所述的地表水和地下水的水化学数据绘于 Gibbs 图中(图 5.9)，研究区的地表水和地下水样品水化学组成大都落在 Gibbs 分布模型内，从中看出，地表水和地下水的数据点落在分布模型的中部并偏向左侧，其中地表水样品的溶解性固体含量在 $100\sim1000\ mg/L$ 范围内，只有少量地下水样品的 TDS 大于 $100\ mg/L$，$Na^+/(Na^++Ca^{2+})$ 比值小于 0.5 或者在 0.5 左右，$Cl^-/(Cl^-+HCO_3^-)$ 比值范围在 $0.1\sim0.3$。研究区不同水体所有的样品都落在 Gibbs 图中间的岩石风化控制区。地表流动水的部分数据点落在模型外，说明也受到了人类活动的影响。

不同岩性端元之间的对比鉴别不同岩石矿物风化对水化学成因的影响，有三个端元蒸发岩溶解、硅酸盐溶解、碳酸盐溶解。从图 5.10 可以看出，地表水和地下水水类型的水样点大多分布在硅酸盐溶解端元与硅酸盐溶解端元之间，表明研究区水化学离子岩石风化大多来自于硅酸盐矿物和碳酸盐矿物的风化溶解。

阳离子的交替吸附作用是改变水化学组分的关键过程。研究发现，阳离子的交替吸附作用是 Mg^{2+} 变化大的一个原因。若样点主要分布在第四象限，吸附岩石和土壤表面的 Na^+ 和 K^+ 会与水中 Ca^{2+} 和 Mg^{2+} 发生交换作用。样点分布在第二象限，说明情况相反。图 5.11 显示研究区绝大多数采样点在阳离子交换区，由此证明主要离子交换形式为岩石 Na^+ 和 K^+ 与水中 Ca^{2+} 和 Mg^{2+} 发生交换。

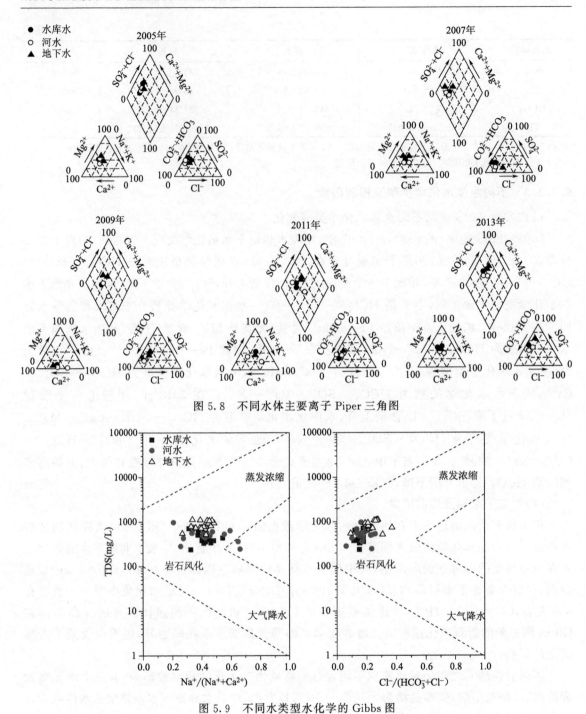

图5.8　不同水体主要离子Piper三角图

图5.9　不同水类型水化学的Gibbs图

Pearson相关分析得出(表5.6),地下水中,TDS和Ca^{2+}、Na^+、Mg^{2+}、SO_4^{2-}、Cl^-、HCO_3^-呈显著相关关系且系数都大于0.5,说明这几种离子是引起TDS高低变化的主要因素,HCO_3^-与Ca^{2+}、Na^+、Mg^{2+}呈显著正相关关系($P<0.01$);SO_4^{2-}与Ca^{2+}、Na^+、Mg^{2+}呈显著正相关,相关性较强且相关系数都大于0.7;NO_3^-与Ca^{2+}、Na^+呈显著正相关($P<0.05$)。在河水中,NO_3^-、Ca^{2+}有显著相关($P<0.05$),说明这些离子对于水体的总溶解性固体具有很大的贡献。在水库水中,TDS和Ca^{2+}、Cl^-、HCO_3^-呈显著相关关系($P<0.05$)且系数都大于0.5;HCO_3^-与

Ca^{2+}、Na^+ 呈显著正相关关系($P<0.01$);SO_4^{2-} 与 Ca^{2+}、Na^+、Mg^{2+} 呈显著正相关。

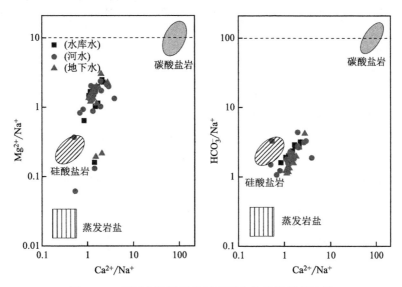

图 5.10　黑河中游绿洲地区不同水体岩性端元比值

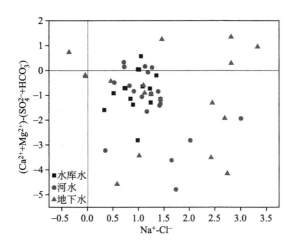

图 5.11　($Ca^{2+}+Mg^{2+}$)-($SO_4^{2-}+HCO_3^-$)与 Na^+-Cl^- 的关系

表 5.6　水质参数相关关系

		Ca^{2+}	K^+	Na^+	Mg^{2+}	NO_3^-	SO_4^{2-}	Cl^-	HCO_3^-	TDS
	Ca^{2+}	1								
	K^+	0.488*	1							
	Na^+	0.907**	0.498*	1						
地下水	Mg^{2+}	0.702**	0.035	0.784**	1					
	NO_3^-	0.599**	0.218	0.563*	0.538*	1				
	SO_4^{2-}	0.797**	0.053	0.761**	0.748**	0.468	1			
	Cl^-	0.503*	0.071	0.387	0.394	0.741**	0.364	1		
	HCO_3^-	0.879**	0.566*	0.796**	0.550*	0.281	0.653**	0.330	1	
	TDS	0.780**	0.092	0.664**	0.778**	0.489*	0.744**	0.536*	0.631**	1

		Ca²⁺	K⁺	Na⁺	Mg²⁺	NO₃⁻	SO₄²⁻	Cl⁻	HCO₃⁻	TDS
河水	Ca^{2+}	1								
	K^+	−0.078	1							
	Na^+	0.088	0.090	1						
	Mg^{2+}	0.219	−0.423	0.166	1					
	NO_3^-	−0.319	0.307	0.136	−0.355	1				
	SO_4^{2-}	0.672	−0.223	0.307	0.378	−0.260	1			
	Cl^-	−0.014	0.117	0.756**	−0.114	0.243	0.027	1		
	HCO_3^-	0.196	0.014	−0.358	−0.411	0.113	−0.124	0.690**	1	
	TDS	0.779**	−0.373	0.153	0.354	−0.506*	0.574*	0.142	0.417	1
水库水	Ca^{2+}	1								
	K^+	−0.181	1							
	Na^+	0.737**	0.102	1						
	Mg^{2+}	0.690**	0.065	0.593*	1					
	NO_3^-	0.906**	−0.125	0.774**	0.689**	1				
	SO_4^{2-}	0.738**	−0.406	0.484	0.774**	0.750**	1			
	Cl^-	0.903**	−0.106	0.825**	0.613*	0.886**	0.671**	1		
	HCO_3^-	0.896**	−0.094	0.776**	0.565*	0.751**	0.558*	0.862**	1	
	TDS	0.735**	−0.123	0.506*	0.521*	0.672**	0.615*	0.745**	0.724**	1

注：* 表示在 0.05 水平上（双侧）上显著相关；** 表示在 0.01 水平（双侧）上显著相关。

5.2.3 地表水及地下水水化学的时间变化及成因分析

5.2.3.1 黑河中游绿洲地区地表水及地下水水化学参数的时间变化

本研究发现在 2005—2013 年间地下水大部分水化学指标浓度随时间呈上升趋势,尤其 2007 年之后地下水离子浓度上升明显。黑河中游灌区水资源供需平衡明显受区域过境水量控制,黑河流域统一调水后,中游典型灌区用水量结构也发生了变化,其中地表水减少了 13% 以上,地下水增加了 157.6%。农业和生态用水缺口最大,与 1997 年相比,2003 年可引用河水灌溉量减少 13% 以上,地下水灌溉增加约 157.6%(吉喜斌 等,2005)。黑河分水前后由于下游分到黑河水量增加导致地下水埋深上升(席海洋 等,2007)。黑河分水后,在 1998—2006 年间中游灌溉井的累计数量大幅度增长,从 93 个增加到 351 个;用于灌溉的地下水量从 $0.11 \times 10^7 \, m^3/a$ 增加到 $2.08 \times 10^7 \, m^3/a$)(图 5.12)。中游地区地下水中水化学离子出现这种现象的原因可能是分水后,中游地区水量减少,地下水井井数量增加导致地下水位下降,地下水中离子浓度上升。

水库水整体变幅随着季节变化较小,大部分离子随着季节变化呈下降趋势,离子在水库水观测点呈现出 5 月高于 8 月的特征。杜文越等(2017)研究结果也表明,桂江上游河水主要离子浓度总体变现为旱季较高,雨季较低。这是因为黑河流域降水集中在夏季,水体中离子被大量雨水稀释,雨水稀释作用高于风化溶解,降低了水体中的离子浓度;枯水期则相反(原雅琼等,2015)。在祁连山东端(曹晏风 等,2020)5 月 Ca^{2+} 比较低。这是因为此段时间为旱季,径

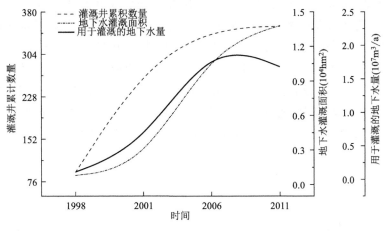

图 5.12　分水前后黑河中游地下水情况

流量大幅减小,离子浓度因稀释作用降低,但呈现出相反变化趋势,说明地下水的补给作用大于径流的稀释作用(朱国锋 等,2018)。在河水中 SO_4^{2-} 呈现出 8 月高于 5 月的特征,地下水中 NO_3^- 离子呈现出 8 月高于 5 月的特征,这是因为此期间农业生产活动频繁。黑河中游地区是中国最主要的玉米种植基地之一,当地的制种玉米在每年 7—8 月进行大量追肥,硫酸钾复合肥、硫酸铵肥和氮肥被广泛使用。同时,研究区灌溉方式主要以大水漫灌为主,这种粗放的灌溉方式将化肥中的 SO_4^{2-}、NO_3^- 溶解并下渗到地下水,导致地下水离子浓度高于地表水,也导致呈现出 8 月高于 5 月的特征。曹晏风等(2020)也发现 SO_4^{2-} 来源主要是人为输入,例如一些含硫的化学肥料、含硫的盐矿物以及含硫燃料的燃烧等。李政红等(2021)的研究也表明,人类使用化肥、农家肥以及污水灌溉是导致 NO_3^- 高的主要原因。氮肥中 NH_4^+ 硝化反应转化为硝酸根,然后通过降雨或河流的冲刷作用最终溶解于河流并下渗地下水。

5.2.3.2　不同水体年际主离子组成变化

Piper 阴阳离子三角形图反映水体的化学组成、主要离子的相对丰度和分布特征,从而揭示不同岩石风化对研究区水体总溶质成分的相对贡献率(Huh et al.,1998)。水化学离子组成主要受碳酸盐岩风化影响时,阴离子组分多落在 HCO_3^- 一侧,而阳离子组分多落在 Ca^{2+} 一侧;在主要受蒸发岩盐影响的河流中,阴离子多落在 SO_4^{2-}—Cl^- 一侧,远离 HCO_3^- 一侧,阳离子组分则倾向于(K^+＋Na^+)一侧(Gibbs,1970;周俊 等,2012)。本研究表明,在 2005—2013 年间,地表水中 HCO_3^- 始终为主要阴离子,地下水在 2013 年 SO_4^{2-} 占主导地位,但是无论是地表水还是地下水,HCO_3^- 随年限有所下降,SO_4^{2-} 比重增加。此结果也在黑河流域其他河段中证实,冯亚伟等(2017)在黑河源区发现阳离子中各点集中分布于钙型水中,大部分阴离子分布于 HCO_3^- 型水中,少数分布在 SO_4^{2-} 型水中;武小波等(2008)研究发现从上游到下游 SO_4^{2-} 由 26％增大到 41％,HCO_3^- 由 74％降低到 55％。研究区后期 SO_4^{2-} 比重增加是因为人口增多,农业发达,多施用一些硫酸钾复合肥等肥料还有含硫燃料的燃烧等。本研究发现 Ca^{2+} 是主要阳离子,Mg^{2+}、Na^+ 随着年际变化较大,郜银梁等(2011)研究也表明,黑河中游灌区地表水与地下水主要水化学类型由 HCO_3^-—SO_4^{2-} 型水演变为 SO_4^{2-}—HCO_3^- 型水,黑河干流优势阳离子由 Ca^{2+} 向 Mg^{2+} 转化,这可能是由于在此期间人类过度开垦,环境破坏,全球变暖,蒸发作用也在增强,尤其是 2010 年之后 TDS 和 pH 值都在逐渐增大,导致 Ca^{2+}、Mg^{2+} 变成碳酸盐沉淀而浓度降低,从而 Na^+ 占较大优势。本研究发现地表水和地下水水化学类型大致相似,主要原因是研究区农业灌溉是河水和地下水混合灌溉,地表水和地下水交换频繁。从图 5.13 可见,河水的 Ca^{2+} 变化较明显,5—8 月,水化学类型由 HCO_3^- — SO_4^{2-} — Na^+ — Mg^{2+} — Ca^{2+} 转变为 HCO_3^- — SO_4^{2-} — Ca^{2+} — Mg^{2+} — Na^+。Ca^{2+} 含量增加,而 Ca^{2+} 主要来源于岩石中石膏($CaSO_4 \cdot 2H_2O$)溶解,结合中游地区水文情势,3—5 月,中游地区进入春灌高峰,正逢河水枯水期,黑河下泄水量很少,地下水补给为主;8 月出现夏汛,中游走廊平原区为径流利用区。7 月以前,降水少且流量小,8 月降水增加以及灌溉用水淋洗岩土中盐分,造成 Ca^{2+}、Mg^{2+} 含量增加(郜银梁 等,2011)。

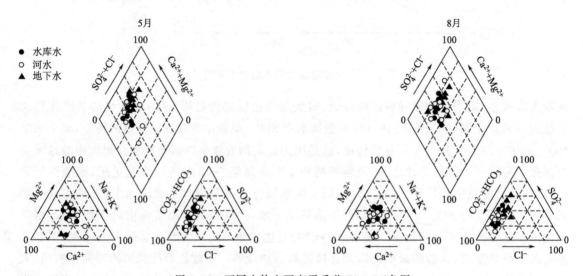

图 5.13 不同水体主要离子季节 Piper 三角图

5.2.3.3 水化学成因分析

Gibbs 分析了雨水、河水和湖泊等地表水体的水化学组分,将天然水化学成分的来源主要区分为蒸发浓缩、岩石风化和降水控制三种类型(Gibbs,1970)。众多学者(侯昭华 等,2009;姜海宁 等,2016;孙英 等,2019;曹晏风 等,2020)将 Gibbs 图应用在雨水、地表水和地下水化学组分的研究中,宏观地反映水中主要离子的控制因素。由本研究 Gibbs 图(图 5.9)可知,地表水和地下水的数据点落在分布模型的中部并偏向左侧,研究区地表水和地下水样品水化学样品都落在 Gibbs 图中间的岩石风化控制区,河水的部分数据点落在模型外,人类活动对离子来源也有一定影响,说明岩石风化作用对地表水和地下水主要离子影响较大,蒸发沉淀型和降水控制对研究区地表水和地下水离子影响较弱。这与马李豪(2019)研究结果一致。

不同岩性端图的对比可以鉴别流域不同岩石矿物风化对河水溶质的影响(Gaillardet et al.,1999),离子之间相关性可以说明物质来源与离子的化学反应过程之间存在高度正相关。一般来说,它们有相同的物质来源和化学反应过程。本研究发现水化学离子岩石风化大多来自于硅酸盐矿物和碳酸盐矿物的风化溶解,从水文地质图可知研究区岩石主要有石膏、长石、石英、白云石、方解石等矿物组成,还含有石膏、盐岩等的可溶性矿物,相关性分析表明,地下水 HCO_3^- 与 Ca^{2+}、Na^+ 呈显著正相关关系($P<0.01$),说明与方解石等碳酸盐岩风化溶解有关;SO_4^{2-} 与 Ca^{2+}、Na^+、Mg^{2+} 呈显著正相关,说明与石膏或白云岩等碳酸盐岩有关。这与其他学者研究结果(王亚平 等,2010;刘佳驹 等,2018)相似,主要与方解石、白云岩等碳酸盐的风化

溶解有关。

地表水中 HCO_3^- 始终为主要阴离子,地下水在 2013 年 SO_4^{2-} 占主导地位,这是因为地表水是开放系统,空气中的二氧化碳进入地表水系统,从而促进碳酸盐岩的溶解,导致 HCO_3^- 含量高于其他阴离子(任孝宗 等,2019)。以碳酸盐岩中的石灰岩为例,该过程的化学反应式如下:

$$CO_2(气态) + H_2O + CaCO_3 \rightarrow Ca^{2+} + 2HCO_3^- \tag{5.3}$$

K^+、Na^+ 主要来自变质岩,如钠长石和云母等硅酸盐矿物,Mg^{2+} 主要来源为碳酸盐、蒸发岩和硅酸盐;Ca^{2+} 主要来源于岩石中石灰石($CaCO_3$)、石膏($CaSO_4 \cdot 2H_2O$)溶解,而水中的阳离子在一定条件下会吸附岩石中某些阳离子,将原本吸附的某些阳离子会转化为水的组分(孙从建等,2018)。反应方程式为:

$$Ca^{2+}(水) + 2Na^+(岩) \rightarrow Ca^{2+}(岩) + 2Na^+(水) \tag{5.4}$$

$$Mg^{2+}(水) + 2Na^+(岩) \rightarrow Mg^{2+}(岩) + 2Na^+(水) \tag{5.5}$$

阳离子交替吸附作用是 Mg^{2+}、Na^+ 变化大的一个原因。NO_3^- 及 SO_4^{2-} 除了自然来源,通常还具有多种来源,如农业肥料和含硫燃料的燃烧等。研究区 NO_3^- 含量,尤其是地下水 NO_3^-(平均值为 30.46 mg/L)远大于 NO_3^- 天然·准天然含量<1 mg/L,与杜文越等(2017)研究一致,因此研究区地下水中 $N(NO_3^-)$ 的变化可以反映出人类活动对本地区水体化学的明显影响。

5.2.4 结论

黑河中游绿洲地区地表水和地下水属于弱碱性水,地下水 TDS 要显著高于地表水。2005—2013 年间研究区地下水离子浓度随时间呈上升趋势;而地表水(水库水、河流水)变化相对较小,整体呈下降趋势;而在年内尺度,河流水中 SO_4^{2-} 离子 8 月明显高于 5 月,地下水 NO_3^- 离子 8 月显著高于 5 月,其他离子浓度整体上随季节时间变化不明显。由于绿洲边缘农业灌溉,地表水和地下水交换频繁,因此,地表水和地下水水化学组成高度相似,其中优势阴离子主要为 HCO_3^-、SO_4^{2-},优势阳离子为 Ca^{2+}。此外,水化学类型年际变化明显,地表水水化学类型在 2005—2009 年由 $HCO_3^- - SO_4^{2-} - Ca^{2+} - Mg^{2+}$ 转变为 $HCO_3^- - Ca^{2+} - Na^+$,2009—2013 年水库水转变为 $HCO_3^- - SO_4^{2-} - Ca^{2+} - Mg^{2+}$,河流水转变为 $HCO_3^- - SO_4^{2-} - Ca^{2+} - Na^+$;地下水水化学类型由 $HCO_3^- - SO_4^{2-} - Ca^{2+} - Mg^{2+}$ 型转变为 $SO_4^{2-} - HCO_3^- - Ca^{2+} - Na^+ - Mg^{2+}$ 型;地表水和地下水的水化学组分主要来源于岩石风化,受碳酸盐与硅酸盐风化溶解共同作用控制;其中 SO_4^{2-}、NO_3^- 等离子的变化受人类活动影响明显。

参考文献

安摇慧,安摇钰,2011. 毛乌素沙地南缘沙柳灌丛土壤水分及水量平衡[J]. 应用生态学报,22(9):2247-2252.

安玉艳,梁宗锁,2011. 植物应对干旱胁迫的阶段性策略[J]. 生态学报,31(3):716-725.

安钰,安慧,李生兵,2018. 放牧对荒漠草原土壤和优势植物生态化学计量特征的影响[J]. 草业学报,27(12):
94-102.

安云,2013. 毛乌素沙地4种典型植被恢复模式生态效益分析[D]. 北京:北京林业大学.

包青岭,丁建丽,王敬哲,等,2020. 基于VIC模型模拟的干旱区土壤水分及其时空变化特征[J]. 生态学报,40
(9):3048-3059.

边甜甜,颜坤,杨润亚,等,2020. 盐胁迫下菊芋根系脱落酸对钠离子转运和光系统Ⅱ的影响[J]. 应用生态学
报,31(2):508-514.

曹成有,蒋德明,骆永明,等,2004. 小叶锦鸡儿防风固沙林稳定性研究[J]. 生态学报,24(6):1178-1186.

曹成有,蒋德明,全贵静,等,2005. 科尔沁沙地小叶锦鸡儿人工固沙区土壤理化性质的变化[J]. 水土保持学
报,18(6):108-111.

曹晏风,张明军,瞿德业,等,2020. 祁连山东端地表及地下水水化学时空变化特征[J]. 中国环境科学,40(4):
1667-1676.

常学礼,赵爱芬,李胜功,2000. 科尔沁沙地固定沙丘植被物种多样性对降水变化的响应[J]. 植物生态学报,
24(2):147-151.

常学礼,韩艳,孙小艳,等,2012. 干旱区绿洲扩展过程中的景观变化分析[J]. 中国沙漠,32(3):857-862.

常学向,赵爱芬,赵文智,等,2003. 黑河中游荒漠绿洲区免灌植被土壤水分状况[J]. 水土保持学报,17(2):
126-129.

常学向,赵文智,赵爱芬,2006. 黑河中游二白杨叶面积指数动态变化及其与耗水量的关系[J]. 冰川冻土,
1(28):85-90.

常学向,赵文智,张智慧,2007. 荒漠区固沙植物梭梭(*Haloxylon ammodendron*)耗水特征[J]. 生态学报,
5(27):1826-1837.

常学尚,常国乔,2021. 干旱半干旱区土壤水分研究进展[J]. 中国沙漠,41(1):156-163.

常兆丰,仲生年,韩福贵,等,2008. 民勤沙区主要植物群落退化特征及其演替趋势分析[J]. 干旱区研究,25
(3):382-388.

陈芳,纪永福,张锦春,等,2010. 民勤梭梭人工林天然更新的生态条件[J]. 生态学杂志(9):1691-1695.

陈文,王桔红,朱慧,等,2015. 沙埋对河西走廊4种旱生植物种子萌发和幼苗生长的影响[J]. 中国沙漠,35
(6):1532-1537.

陈艳瑞,尹林克,2008. 人工防风固沙林演替中群落组成和优势种群生态位变化特征[J]. 植物生态学报,32
(5):1126-1133.

陈祝春,1991. 沙丘结皮层形成过程的土壤微生物和土壤酶活性[J]. 环境科学,12(1):19-23.

程立平,刘文兆,李志,2014. 黄土塬区不同土地利用方式下深层土壤水分变化特征[J]. 生态学报,34(8):
1975-1983.

程龙,韩占江,石新建,等,2015. 白茎盐生草种子萌发特性及其对盐旱胁迫的响应[J]. 干旱区资源与环境,29
(3):131-136.

慈龙骏,2011. 极端干旱荒漠的"荒漠化"[J]. 科学通报,56(31):2616-2626.

代莉慧,蔡禄,吴金华,等,2012. 盐碱胁迫对盐生植物种子萌发的影响[J]. 干旱地区农业研究,30(6):134-138.

党慧慧,董军,董阳,等,2015. 甘肃梨园河流域地下水水化学演化规律[J]. 兰州大学学报(自然科学版),51(4):454-461.

党荣理,潘晓玲,2002. 西北干旱荒漠区种子植物科的区系分析[J]. 西北植物学报,22(1):24-32

丁爱强,徐先英,刘江,等,2018. 民勤绿洲自然稀疏人工梭梭林土壤水分动态[J]. 水土保持研究,25(5):192-198.

丁宏伟,张荷生,2002. 近50年来河西走廊地下水资源变化及对生态环境的影响[J]. 自然资源学报,17(6):691-697.

丁俊祥,范连连,李彦,等,2016. 古尔班通古特沙漠6种荒漠草本植物的生物量分配与相关生长关系[J]. 中国沙漠,36(5):1323-1330.

董锡文,张晓珂,姜思维,等,2010. 科尔沁沙地固定沙丘土壤氮素空间分布特征研究[J]. 土壤,42(1):76-81.

董治宝,李振山,1998. 风成沙粒度特征对其风蚀可蚀性的影响[J]. 土壤侵蚀与水土保持学报,4(4):2-12.

杜文越,何若雪,何师意,等,2017. 桂江上游水化学特征变化及离子来源分析——以桂林断面为例[J]. 中国岩溶,36(2):207-214.

范广洲,贾志军,2010. 植物物候研究进展[J]. 干旱气象,28:250-255.

范莉梅,2015. 祁连山排露沟流域森林植被水文功能究[D]. 兰州:甘肃农业大学.

冯亚伟,孙自永,补建伟,等,2017. 祁连山黑河源区八一冰川—黄藏寺段河水水文地球化学特征[J]. 冰川冻土,39(3):680-687.

付爱红,陈亚宁,李卫红,2014. 中国黑河下游荒漠河岸林植物群落水分利用策略研究[J]. 中国科学:地球科学,44(4):693-705.

付婷婷,程红焱,宋松泉,2009. 种子休眠的研究进展[J]. 植物学报,44(5):629-641.

盖玉红,2010. 盐生和中生植物对盐害的响应及其抗性结构机制研究[D]. 长春:东北师范大学.

高楠,2010. 人工模拟盐碱混合胁迫对虎尾草种子萌发到成苗阶段的影响[D]. 长春:东北师范大学.

高尚武,1984. 治沙造林学[M]. 北京:中国林业出版杜.

邸银梁,陈军锋,张成才,等,2011. 黑河中游灌区水化学空间变异特征[J]. 干旱区地理,34(4):575-583.

戈良朋,马健,李彦,2007. 不同土壤条件下荒漠盐生植物根际盐分特征研究[J]. 土壤学报,44(6):1139-1143.

郭浩,庄伟伟,李进,2019. 古尔班通古特沙漠中4种荒漠草本植物的生物量与化学计量特征[J]. 植物研究,39(3):421-430.

郭慧,吕长平,郑智,等,2009. 园林植物抗旱性研究进展[J]. 安徽农学通报,15(7):53-55.

郭柯,2000. 毛乌素沙地油蒿群落的循环演替[J]. 植物生态学报,24(2):243-247.

郭泉水,郭志华,阎洪,等,2005. 我国以梭梭属植物为优势的潜在荒漠植被分布[J]. 生态学报,25(4):848-853.

郭郁频,米福贵,闫利军,等,2014. 不同早熟禾品种对干旱胁迫的生理响应及抗旱性评价[J]. 草业学报,23(4):220-228.

韩刚,赵忠,2010. 不同土壤水分下4种沙生灌木的光合光响应特性[J]. 生态学报,30(15):4019-4026.

韩建秋,王秀峰,张志国,2007. 表土干旱对白三叶根系分布和根活力的影响[J]. 中国农学通报,23(3):458-461.

韩忠明,韩梅,吴劲松,等,2006. 不同生境下刺五加种群构件生物量结构与生长规律[J]. 应用生态学报,17(7):1164-1168.

郝虎东,田青松,石凤翎,等,2009. 无芒雀麦地上生物量及各构件生物量分配动态[J]. 中国草地学报,31(4):85-90.

何璐,虞泓,范源洪,等,2010. 植物繁殖生物学研究进展[J]. 山地农业生物学报,29(5):456-460.

何明珠,2010. 阿拉善高原荒漠植被组成分布特征及其环境解释Ⅴ. 一年生植物层片物种多样性及其分布特征[J]. 中国沙漠,30(3):528-533.

何玉惠,赵哈林,刘新平,等,2008. 不同类型沙地狗尾草的生长特征及生物量分配[J]. 生态学杂志,27(4):504-508.

何玉惠,赵哈林,刘新平,等,2010. 沙地恢复过程中两种一年生植物种子萌发和幼苗种群动态研究[J]. 中国沙漠,30(6):1331-1335.

何志斌,赵文智,2004a. 半干旱区流沙固定初期不同植被类型的土壤湿度特征[J]. 水土保持学报,17(4):164-167.

何志斌,赵文智,2004b. 黑河流域荒漠绿洲过渡带两种优势植物种群空间格局特征[J]. 应用生态学报,15(6):947-952.

何志斌,赵文智,方静,2005. 黑河中游地区植被生态需水量估算[J]. 生态学报,25(4):705-710.

何志斌,赵文智,屈连宝,2011. 黑河中游农田防护林的防护效益分析[J]. 生态学杂志,24(1):79-82.

洪雪男,杨允菲,2019. 松嫩平原赖草无性系构件生长的可塑性及其规律[J]. 草地学报,27(2):371-376.

侯昭华,徐海,安芷生,2009. 青海湖流域水化学主离子特征及控制因素初探[J]. 地球与环境,37(1):11-19.

胡静霞,杨新兵,2017. 我国土地荒漠化和沙化发展动态及其成因分析[J]. 中国水土保持(7):55-59.

胡式之,1963. 中国西北地区的梭梭荒漠[J]. 植物生态学与地植物学丛刊,1(1):81-109.

胡晓利,卢玲,2009. 黑河中游张掖绿洲地下水时空变异性分析[J]. 中国沙漠,29(4):777-784.

黄刚,赵学勇,黄迎新,等,2009. 科尔沁沙地不同地形小叶锦鸡儿灌丛土壤水分动态[J]. 应用生态学报,20(3):555-561.

黄振英,张新时,Gutterman Yitzchak,等,2001a. 光照,温度和盐分对梭梭种子萌发的影响[J]. 植物生理学报,27(3):275-280.

黄振英,Gutterman Yitzchak,胡正海,等,2001b. 白沙蒿种子萌发特性的研究Ⅰ. 粘液瘦果的结构和功能[J]. 植物生态学报,25(1):22-28.

黄子琛,刘家琼,鲁作民,等,1983. 民勤地区梭梭固沙林衰亡原因的初步研究[J]. 林业科学,1:82-87.

吉喜斌,康尔泗,赵文智,等,2005. 黑河中游典型灌区水资源供需平衡及其安全评估[J]. 中国农业科学(5):974-982.

纪凯婷,2014. 夏蜡梅幼苗年生长规律和耐盐性研究[D]. 南京:南京林业大学.

纪荣花,于磊,鲁为华,等,2011. 盐碱胁迫对芨芨草种子萌发的影响[J]. 草业科学,28(2):245-250.

贾凤勤,李幼龙,张会群,2016. 温度对狗尾草和金色狗尾草植物种子萌发的影响[J]. 种子,35(4):30-33.

贾志清,卢琦,郭保贵,等,2004. 沙生植物——梭梭研究进展[J]. 林业科学研究,17(1):125-132.

贾志清,卢琦,2005. 梭梭[M]. 北京:中国环境科学出版社.

姜海宁,谷洪彪,迟宝明,等,2016. 新疆昭苏—特克斯盆地地表水与地下水转化关系研究[J]. 干旱区地理,39(5):1078-1088.

蒋德明,刘志民,寇振武,2002. 科尔沁沙地荒漠化及生态恢复研究展望[J]. 应用生态学报,13(12):1695-1698.

蒋德明,周全来,李雪华,等,2008a. 科尔沁沙地生物与工程结合的固沙措施及效果[J]. 辽宁工程技术大学学报:自然科学版,27(1):141-143.

蒋德明,曹成有,李雪华,等,2008b. 科尔沁沙地植被恢复及其对土壤的改良效应[J]. 生态环境,17(3):1135-1139.

蒋志成,蒋志仁,赵维俊,等,2021. 甘肃祁连山西水林区草地土壤水势变化特征研究[J]. 西南林业大学学报(自然科学),41(2):177-181.

靳虎甲,王继和,李毅,等,2008. 腾格里沙漠南缘沙漠化逆转过程中的土壤化学性质变化特征[J]. 水土保持学报,22(5):119-124.

久文,造林学,1979. 内蒙古治沙造林[M]. 呼和浩特:内蒙古人民出版社.

鞠强,贡璐,杨金龙,等,2005. 梭梭光合生理生态过程与干旱环境的相互关系[J]. 干旱区资源与环境,19(4):
201-204.

康尔泗,程国栋,宋克超,等,2004. 河西走廊黑河山区土壤-植被-大气系统能水平衡模拟研究[J]. 中国科学(D
辑:地球科学),34(6):544-551.

兰海燕,张富春,2008. 新疆早春短命植物适应荒漠环境的机理研究进展[J]. 西北植物学报,27(7):
1478-1485.

兰泽松,崔永庆,戈敢,等,2005. 宁夏中部干旱带生态环境建设与农牧业发展研究[J]. 宁夏农林科技(增刊):
8-14.

郎志红,2008. 盐碱胁迫对植物种子萌发和幼苗生长的影响[D]. 兰州:兰州交通大学.

李滨生,1990. 治沙造林学[M]. 北京:中国林业出版社.

李长有,2009. 盐碱地四种主要致害盐分对虎尾草胁迫作用的混合效应与机制[D]. 长春:东北师范大学.

李从娟,雷加强,徐新文,等,2012. 树干径流对梭梭肥岛和盐岛效应的作用机制[J]. 生态学报,32(15):
4819-4826.

李锋瑞,张华,赵丽娅,等,2003. 科尔沁沙地人工杨树林生态防风效应研究[J]. 水土保持学报,17(2):62-66.

李合生,2002. 现代植物生理学[M]. 北京:高等教育出版社:413-437.

李宏,程平,郑朝晖,等,2011. 盐旱胁迫对3种新疆造林树木种子萌发的影响[J]. 西北植物学报,31(7):
1466-1473.

李洪山,张晓岚,侯彩霞,等,1995. 梭梭适应干旱环境的多样性研究[J]. 干旱区研究,12(2):15-17.

李进,1992. 人工樟子松一差不嘎篙植被及其固沙作用[J]. 生态学杂志,11(3):17-21.

李君,赵成义,朱宏,等,2007. 柽柳和梭梭的"肥岛"效应[J]. 生态学报,27(12):5138-5147.

李禄军,蒋志荣,车克钧,等,2007. 绿洲—荒漠交错带不同沙丘土壤水分时空动态变化规律[J]. 水土保持学
报,21(1):123-127.

李秋艳,赵文智,2006a. 五种荒漠植物幼苗出土及生长对沙埋深度的响应[J]. 生态学,26(6):1802-1808.

李秋艳,赵文智,2006b. 5种荒漠植物幼苗对模拟降水量变化的响应[J]. 冰川冻土(3):414-420.

李荣平,蒋德明,刘志民,等,2004. 沙埋对六种沙生植物种子萌发和幼苗出土的影响[J]. 应用生态学报,15
(10):1865-1868.

李文娆,张岁岐,丁圣彦,等,2010. 干旱胁迫下紫花苜蓿根系形态变化及与水分利用的关系[J]. 生态学报,30
(19):5140-5150.

李辛,赵文智,2018a. 雾冰藜(*Bassia dasyphylla*)种子萌发和幼苗生长对盐碱胁迫的响应[J]. 中国沙漠,38
(2):300-306.

李辛,赵文智,2018b. 荒漠区植物雾冰藜光合特性对混合盐碱胁迫的响应[J]. 生态学报,38(4):1183-1193.

李新,荣肖洪,2005. 腾格里沙漠沙坡头地区固沙植被对生物多样性恢复的长期影响[J]. 中国沙漠,25(2):
173-181.

李新荣,张景光,刘立超,等,2000. 我国干旱沙漠地区人工植被与环境演变过程中植物多样性的研究[J]. 24
(3):257-261.

李新荣,马凤云,龙立群,等,2001. 沙坡头地区固沙植被土壤水分动态研究[J]. 中国沙漠,21(3):217-222.

李雪华,李晓兰,蒋德明,等,2006a. 画眉草种子萌发对策及生态适应性[J]. 应用生态学报,17(4):607-610.

李雪华,李晓兰,蒋德明,等,2006b. 干旱半干旱荒漠地区一年生植物研究综述[J]. 生态学杂志,25(7):
851-856.

李雪华,李晓兰,蒋德明,等,2009. 科尔沁沙地70种草本植物个体和构件生物量比较研究[J]. 干旱区研究,
26(2):200-205.

李彦,许皓,2008. 梭梭对降水的响应与适应机制-生理、个体与群落水平碳水平衡的整合研究[J]. 干旱区地理,31(3):313-323.

李盈,2014. 梭梭在干旱胁迫下的生理反应[J]. 甘肃农业(17):90-91.

李玉霖,孟庆涛,赵学勇,等,2008. 科尔沁沙地流动沙丘植被恢复过程中群落组成及植物多样性演变特征[J]. 草业学报,16(6):54-61.

李玉强,赵哈林,赵学勇,等,2006. 土壤温度和水分对不同类型沙丘土壤呼吸的影响[J]. 干旱区资源与环境,20(3):154-158.

李玉强,赵哈林,赵学勇,等,2008. 科尔沁沙地夏秋(6—9月)季不同类型沙丘土壤呼吸对气温变化的响应[J]. 中国沙漠,28(2):249-254.

李政红,李亚松,郝奇琛,等,2021. 福建厦门市硝酸型地下水特征、成因及其治理措施建议[J/OL]. 中国地质:1-15[2021-11-01]. http://kns.cnki.net/kcms/detail/11.1167.P,20210809.1107.004.html.

李中赫,刘彤,2018. 古尔班通古特沙漠西部退化梭梭群落多样性与土壤理化性质的关系[J]. 应用与环境生物报,24(5):1165-1170.

梁存柱,王炜,朱宗元,等,2002. 荒漠区一年生植物层片的组织格局与生态适应模式[J]. 干旱区资源与环境(1):77-83.

梁存柱,刘钟龄,朱宗元,等,2003. 阿拉善荒漠区一年生植物层片物种多样性及其分布特征[J]. 应用生态学报,14(6):897-903.

廖岩,彭友贵,陈桂珠,2007. 植物耐盐性机理研究进展[J]. 生态学报,27(5):2077-2089.

刘冰,2009. 荒漠区灌木对降水脉动响应研究[D]. 北京:中国科学院.

刘冰,赵文智,杨荣,2008. 荒漠绿洲过渡带怪柳灌丛沙堆特征及其空间异质性[J]. 生态学报,28(4):1446-1455.

刘冰,常学向,李守波,2010. 黑河流域荒漠区降水格局及其脉动特征[J]. 生态学报,30(19):5194-5199.

刘冰,赵文智,常学向,等,2011. 黑河流域荒漠区土壤水分对降水脉动响应[J]. 中国沙漠,31(3):716-722.

刘发民,张应华,仵彦卿,等,2002. 黑河流域荒漠地区梭梭人工林地土壤水分动态研究[J]. 干旱区研究,19(1):27-31.

刘济明,2001. 贵州茂兰喀斯特森林中华蚊母树群落种子库及其萌发特征[J]. 生态学报,21(2):197-203.

刘佳驹,赵雨顺,黄香,等,2018. 雅鲁藏布江流域水化学时空变化及其控制因素[J]. 中国环境科学,38(11):4289-4297.

刘佩伶,陈乐,刘效东,等,2021. 鼎湖山不同演替阶段森林土壤水分时空变异研究[J]. 生态学报,41(5):1798-1807.

刘涛,耿文春,李丽,等,2009. 混合盐碱胁迫对两种抗性不同的绣线菊光合特性的影响[J]. 东北农业大学学报,40(5):32-36

刘蔚,王涛,高晓清,等,2004. 黑河流域水体化学特征及其演变规律[J]. 中国沙漠(6):95-102.

刘晓静,张晓磊,齐敏兴,等,2013. 混合盐碱对紫花苜蓿种子萌发及幼苗期叶绿素荧光特性的影响[J]. 草地学报,21(3):501-507

刘新,2015. 植物生理学实验指导[M]. 北京:中国农业出版社.

刘新民,赵哈林,赵爱芬,1996. 科尔沁沙地风沙环境与植被[M]. 北京:科学出版社.

刘胤汉,管海晏,李厚地,等,2002. 西北五省(区)生态环境综合分区及其建设对策[J]. 地理科学进展,21(5):403-409.

刘媖心,1985. 中国沙漠植物志[M]. 北京:科学出版社.

刘有军,王继和,马全林,等,2008. 甘肃省荒漠种子植物科的区系分析[J]. 草业科学,25(5):22-27.

刘玉平,1996. 毛乌素沙地飞播植被演替研究[J]. 中国草地(4):24-27.

刘志民,2010. 科尔沁沙地植物繁殖对策[M]. 北京:气象出版社:113-121.

刘志民,赵文智,李志刚,2002. 西藏雅鲁藏布江中游河谷砂生槐种群种子库特征[J]. 生态学报,22(5):715-722.

刘志民,李雪华,李荣平,等,2003a. 科尔沁沙地 70 种植物繁殖体形状比较研究[J]. 草业学报,12(5):55-61.

刘志民,蒋德明,高红瑛,等,2003b. 植物生活史繁殖对策与干扰关系的研究[J]. 应用生态学报,14(3):418-422.

刘志民,李雪华,李荣平,等,2004. 科尔沁沙地 31 种 1 年生植物萌发特性比较研究[J]. 生态学报,24(3):648-653

卢玲,李新,程国栋,等,2001. 黑河流域景观结构分析[J]. 生态学报(8):1217-1224+1393.

芦倩,李毅,刘贤德,等,2020. 祁连山排露沟流域青海云杉(Picea crassifolia)林土壤水分特征[J]. 中国沙漠,40(5):142-148.

鲁延芳,马力,占玉芳,等,2019. 河西走廊中部沙漠人工植被中土壤种子库特征[J]. 草业科学,36(9):2334-2341.

陆峥,韩孟磊,杨晓帆,等,2020. 基于 AMSR2 多频亮温的黑河流域中上游土壤水分估算研究[J]. 遥感技术与应用,35(1):33-47.

路斌,侯月敏,李欣洋,等,2015. 野皂荚对 NaCl 胁迫的生理响应及耐盐性[J]. 应用生态学报,26(11):3293-3299

路之娟,张永清,张楚,等,2018. 水分胁迫对不同基因型苦荞苗期根系生理特性及产量的影响[J]. 干旱地区农业研究,36(2):124-136.

罗达,史彦江,宋锋惠,等,2019. 盐胁迫对平欧杂种榛幼苗生长、光合荧光特性及根系构型的影响[J]. 应用生态学报,30(10):3376-3384.

罗毅,2014. 干旱区绿洲滴灌对土壤盐碱化的长期影响[J]. 中国科学:地球科学,44(8):1679-1688.

吕彪,许耀照,赵芸晨,2008. 河西走廊内陆盐渍土生物修复与调控研究[J]. 水土保持通报,28(3):198-200.

吕朝燕,张希明,吕薇,等,2016. 梭梭种子萌发对干旱和盐分胁迫的响应[J]. 北方园艺(1):55-60.

吕贻忠,胡克林,李保国,2006. 毛乌素沙地不同沙丘土壤水分的时空变异[J]. 土壤学报,43(1):152-154.

马凤云,李新荣,张景光,等,2006. 沙坡头人工固沙植被土壤水分空间异质性[J]. 应用生态学报,17(5):789-795.

马红媛,梁正伟,闫超,等,2007. 四种沙埋深度对羊草种子出苗幼苗生长的影响[J]. 生态学杂志,26(12):2003-2007

马婕,杨爱霞,马晓飞,2012. 甘家湖梭梭林国家级自然保护区退化梭梭的光合特性研究[J]. 干旱环境监测,26(1):22-27.

马李豪,2019. 黑河流域地下水水化学特征分析[D]. 西安:西北大学.

马全林,王继和,纪永福,等,2003. 固沙树种梭梭在不同水分梯度下的光合生理特征[J]. 西北植物学报,23(12):2120-2126.

马全林,王继和,赵明,等,2006. 退化人工梭梭林的恢复技术研究[J]. 林业科学研究,19(2):151-157.

马松尧,王刚,杨生茂,2004. 西北地区荒漠化防治与生态恢复若干问题的探讨[J]. 水土保持通报,24(5):105-108.

马晓东,李卫红,朱成刚,等,2010. 塔里木河下游土壤水分与植被时空变化特征[J]. 生态学报,30(15):4035-4045.

马洋,王雪芹,韩章勇,等,2015. 风蚀沙埋对疏叶骆驼刺(Alhagi sparsifolia)和花花柴(Karelinia caspica)幼苗的生理影响[J]. 中国沙漠,35(5):1254-1261.

聂振龙,陈宗宇,程旭学,等,2005. 黑河干流浅层地下水与地表水相互转化的水化学特征[J]. 吉林大学学报(地球科学版)(1):48-53.

宁建凤,郑青松,杨少海,等,2010. 高盐胁迫对罗布麻生长及离子平衡的影响[J]. 应用生态学报,21(2):

325-330.

牛西午,1998. 柠条生物学特性研究[J]. 内蒙古畜牧科学,19(4):16-22.

潘国营,刘永林,甘容,2009. 大沙河流域地表地下水化学特征与演变规律[J]. 水资源与水工程学报,20(3):58-61+65.

潘颜霞,王新平,苏延桂,等,2007. 不同植被类型沙地表层土壤水分变化特征[J]. 水土保持学报(5):106-109+186.

潘颜霞,王新平,苏延桂,等,2009. 荒漠人工固沙植被区土壤水分的时空变异性[J]. 生态学报,29(2):993-1000.

彭焕华,2013. 黑河上游典型小流域森林—草地生态系统水文过程研究[D]. 兰州:兰州大学.

齐雁冰,常庆瑞,惠泱河,2007. 人工植被恢复荒漠化逆转过程中土壤颗粒分形特征[J]. 土壤学报,44(3):566-570.

郄亚栋,2018. 水盐影响下的梭梭生理响应机制及其生态适应[D]. 乌鲁木齐:新疆大学.

邱国玉,1988. 沙拐枣属抗旱性的数量研究[J]. 中国沙漠,8(3):31-40.

邱娟,谭敦炎,樊大勇,2007. 准噶尔荒漠早春短命植物的光合特性及生物量分配特点[J]. 植物生态学报,31(5):883-891.

全杜娟,2012. 几种一年生藜科植物的生活史对策[D]. 乌鲁木齐:新疆农业大学.

冉有华,李新,王维真,等,2009. 黑河流域临泽盐碱化草地网格尺度多层土壤水分时空稳定性分析[J]. 地球科学进展,24(7):817-824

任孝宗,李建刚,刘敏,等,2019. 浑善达克沙地东部地区天然水体的水化学组成及其控制因素[J]. 干旱区研究,36(4):791-800.

沈贝贝,吴敬禄,吉力力·阿不都外力,等,2020. 巴尔喀什湖流域水化学和同位素空间分布及环境特征[J]. 环境科学,41(1):173-182.

沈晗悦,信忠保,王志杰,2021. 北京山区侧柏林坡面土壤水分时空动态及其影响因素[J]. 生态学报,41(7):2676-2686.

盛晋华,乔永祥,刘宏义,等,2004. 梭梭根系的研究[J]. 草地学报,12(2):91-94.

史胜青,齐力旺,孙晓梅,等,2006. 梭梭抗旱性相关研究现状及对今后研究的建议[J]. 世界林业研究,19(5):27-32.

史小红,李畅游,刘廷玺,2007. 科尔沁沙地坨甸相间地区土壤水分空间分布特性分析[J]. 中国沙漠,27(5):837-842.

司书红,朱高峰,苏永红,2010. 西北内陆河流域的水循环特征及生态学意义[J]. 干旱区资源与环境,24(9):37-44.

宋创业,郭柯,刘高焕,2008. 浑善达克沙地植物群落物种多样性与土壤因子的关系[J]. 生态学杂志,27(1):8-13.

宋士伟,焦德志,陈旭,等,2019. 野大麦对干旱胁迫的生理响应与转录组分析[J]. 干旱区研究,36(4):909-915.

苏培玺,严巧娣,2006. C4植物荒漠梭梭和沙拐枣在不同水分条件下的光合作用特征[J]. 生态学报,26(1):75-82.

苏永中,刘婷娜,2020. 流动沙地建植人工固沙梭梭林的土壤演变过程[J]. 土壤学报,57(1):84-91.

苏永中,赵哈林,文海燕,2002a. 退化沙质草地开垦和封育对土壤理化性状的影响[J]. 水土保持学报,16(4):5-8.

苏永中,赵哈林,张铜会,2002b. 几种灌木,半灌木对沙地土壤肥力影响机制的研究[J]. 应用生态学报,13(7):802-806.

苏永中,赵哈林,张铜会,等,2004a. 科尔沁沙地不同年代小叶锦鸡儿人工林植物群落特征及其土壤特性[J].

植物生态学报,28(1):93-100.

苏永中,赵哈林,张铜会,等,2004b. 不同退化沙地土壤碳的矿化潜力[J]. 生态学报,24(2):372-378.

孙从建,陈若霞,张子宇,等,2018. 山西浅层地下水水化学特性时空变化特征分析[J]. 干旱区地理,41(2):314-324.

孙英,周金龙,乃尉华,等,2019. 新疆喀什噶尔河流域地表水水化学季节变化特征及成因分析[J]. 干旱区资源与环境,33(8):128-134.

索立柱,黄明斌,段良霞,等,2017. 黄土高原不同土地利用类型土壤含水量的地带性与影响因素[J]. 生态学报,37(6):2045-2053.

唐进年,张盹明,徐先英,等,2007. 不同人工措施对沙质荒漠生态恢复与重建初期效应的影响[J]. 生态环境,16(6):1748-1753.

陶冶,张元明,2011.3 种荒漠植物群落物种组成与丰富度的季节变化及地上生物量特征[J]. 草业学报,20(6):1-11.

陶冶,张元明,2014. 准噶尔荒漠 6 种类短命植物生物量分配与异速生长关系[J]. 草业学报,23(2):38-48.

陶冶,张元明,全永威,等,2012. 准噶尔荒漠小山蒜的形态与生物量特征及其相互关系[J]. 中国沙漠,32(5):1328-1334.

田雪,李海燕,杨允菲,2018. 松嫩平原不同生育期虎尾草无性系构件生长与生物量分配[J]. 应用生态学报,29(3):805-810.

田媛,李建贵,潘丽萍,等,2010. 梭梭萌生与初期存活的关键影响因素[J]. 生态学报,30(18):4898-4904.

田媛,塔西甫拉提·特依拜,李彦,等,2014. 梭梭个体形态调整在环境定居中的适应[J]. 生态学杂志,33(5):1164-1169.

王刚,梁学功,1995a. 沙坡头人工固沙区的种子库动态[J]. 植物学报,37(3):231-237.

王刚,梁学功,冯波,1995b. 沙漠植物的更新生态位Ⅰ. 油蒿,柠条,花棒的种子萌发条件的研究[J]. 西北植物学报,15(5):102-105.

王根绪,程国栋,沈永平,2002. 近 50 年来河西走廊区域生态环境变化特征与综合防治对策[J]. 自然资源学报,17(1):78-86.

王国华,赵文智,2015a. 埋藏深度对梭梭(*Haloxylon ammodendron*)种子萌发及幼苗生长的影响[J]. 中国沙漠,35(2):338-344.

王国华,赵文智,2015b. 梭梭(*Haloxylon ammodendron*)种子密度对萌发及幼苗生长的影响[J]. 中国沙漠,35(5):1248-1253.

王国华,郭文婷,缑倩倩,2020. 钠盐胁迫对河西走廊荒漠绿洲过渡带典型一年生草本植物种子萌发的影响[J],应用生态学报,31(6):1941-1947.

王蕙,赵文智,常学向,2007. 黑河中游荒漠绿洲过渡带土壤水分与植被空间变异[J]. 生态学报,27(5):1731-1739.

王继和,马全林,2004. 民勤绿洲人工梭梭林退化现状、特征与恢复对策[J]. 西北植物学报,23(12):2107-2112.

王家强,柳维扬,彭杰,等,2017. 塔里木河上游荒漠河岸林土壤水分与浅层地下水分布规律研究[J]. 西南农业学报,30(9):2071-2077.

王瑾杰,丁建丽,张喆,2019.2008—2014 年新疆艾比湖流域土壤水分时空分布特征[J]. 生态学报,39(5):1784-1794.

王景瑞,王立,徐先英,等,2020. 干旱荒漠区 4 种一年生植物种子萌发期耐盐性[J]. 草业科学,37(2):237-244.

王桔红,柴雁飞,张勇,2010. 沙埋对醉马草种子萌发和幼苗生长的影响[J]. 生态学杂志,29(2):324-328.

王俊炜,李海燕,杨允菲,2005. 温带地区 4 种园林灌木叶片的生长规律[J]. 东北师范大学报(自然科学版),37

（1）：95-98.

王利界，周智彬，常青，等，2018. 盐旱交叉胁迫对灰胡杨（*Populus pruinosa*）幼苗生长和生理生化特性的影响[J]. 生态学报，38（19）：7026-7033.

王璐，蔡明，兰海燕，2015. 藜科植物藜与灰绿藜耐盐性的比较[J]. 植物生理学报，51（11）：1846-1854.

王佺珍，刘倩，高娅妮，等，2017. 植物对盐碱胁迫的响应机制研究进展[J]. 生态学报，37（16）：5565-5577

王锐，孙权，王青凤，等，2009. 不同控制条件对沙生植物发芽率的影响[J]. 林业实用技术（8）：10-11.

王树凤，胡韵雪，孙海菁，等，2014. 盐胁迫对2种栎树苗期生长和根系生长发育的影响[J]. 生态学报，34（4）：1021-1029.

王涛，2001. 走向世界的中国沙漠化防治的研究与实践[J]. 中国沙漠，21（1）：1-3.

王涛，宋翔，颜长珍，等，2011. 近35a来中国北方土地沙漠化趋势的遥感分析[J]. 中国沙漠，31（6）：1351-1356.

王文，张德罡，2011. 白茎盐生草对盐碱土壤的改良效果[J]. 草业科学，28（6）：902-904.

王文，蒋文兰，谢忠奎，等，2013. 黄土丘陵地区唐古特白刺根际土壤水分与根系分布研究[J]. 草业学报，22（1）：22-28.

王文娟，贺达汉，唐小琴，等，2011. 不同温度和沙埋深度对砂生槐种子萌发及幼苗生长的影响[J]. 中国沙漠，31（6）：1437-1442.

王文祥，李文鹏，蔡月梅，等，2021. 黑河流域中游盆地水文地球化学演化规律研究[J]. 地学前缘，28（4）：184-193.

王亚平，王岚，许春雪，等，2010. 长江水系水文地球化学特征及主要离子的化学成因[J]. 地质通报，29（Z1）：446-456.

王亚婷，唐立松，2009. 古尔班通古特沙漠不同生活型植物对小雨量降雨的响应[J]. 生态学杂志，28（6）：1028-1034.

王艳莉，刘立超，高艳红，等，2015. 人工固沙植被区土壤水分动态及空间分布[J]. 中国沙漠，35（4）：942-950.

王永秋，2016. 降水变化对中亚荒漠一年生植物生活史的影响[D]. 乌鲁木齐：草业与环境科学学院.

温都日呼，王铁娟，张颖娟，等，2015. 沙埋与水分对科尔沁沙地主要固沙植物出苗的影响[J]. 生态学报，35（9）：2985-2992.

温小虎，仵彦卿，常娟，等，2004. 黑河流域水化学空间分异特征分析[J]. 干旱区研究（1）：1-6.

吴彦，刘庆，乔永康，等，2001. 亚高山针叶林不同恢复阶段群落物种多样性变化及其对土壤理化性质的影响[J]. 植物生态学报，25（6）：648-688.

吴玉，郑新军，李彦，2013. 不同功能型原生荒漠植物对小降雨的光合响应[J]. 生态学杂志，32（10）：2591-2597.

吴正，1991. 浅议我国北方地区的沙漠化问题[J]. 地理学报，46（3）：266-276.

武小波，李全莲，贺建桥，等，2008. 黑河上游夏半年河水化学组成及年内过程[J]. 中国沙漠（6）：1190-1196.

席海洋，冯起，司建华，2007. 实施分水方案后对黑河下游地下水影响的分析[J]. 干旱区地理（4）：487-495.

夏日帕提，力提甫，1996. 梭梭种子发芽生理初探[J]. 新疆大学学报：自然科学版，13（3）：69-72.

肖洪浪，李新荣，宋耀选，等，2004. 土壤—植被系统演变对生物防沙工程的影响[J]. 林业科学，40（1）：24-30.

肖萌，丁国栋，汪晓峰，等，2014. 沙埋和水分对3种灌草植物种子萌发及出苗的影响[J]. 中国水土保持科学，12（4）：106-111.

肖遥，陶冶，张元明，2014. 古尔班通古特沙漠4种荒漠草本植物不同生长期的生物量分配与叶片化学计量特征[J]. 植物生态学报，38（9）：929-940.

谢然，陶冶，常顺利，2015. 四种一年生荒漠植物构件形态与生物量间的异速生长关系[J]. 生态学杂志，34（3）：648-655.

谢志玉，张文辉，2018. 干旱和复水对文冠果生长及生理生态特性的影响[J]. 应用生态学报，29（6）：

1759-1767.

徐彩琳,李自珍,2002. 荒漠一年生植物小画眉草的种群动态调节与模拟[J]. 西北植物学报,22(6):
　　1415-1420.

徐彩琳,李自珍,2003. 干旱荒漠区人工植物群落演替模式及其生态学机制研究[J]. 应用生态学报,14(9):
　　1451-1456.

徐贵青,李彦,2009. 共生条件下三种荒漠灌木的根系分布特征及其对降水的响应[J]. 生态学报,29(1):
　　130-137.

许皓,李彦,邹婷,等,2007. 梭梭生理与个体用水策略对降水改变的响应[J]. 生态学报,27(12):5019-5028.

许强,杨自辉,郭树江,等,2013. 梭梭不同生长阶段的枝系构型特征[J]. 西北林学院学报,28(4):50-54.

薛海霞,李清河,徐军,等,2016. 沙埋对唐古特白刺幼苗生长和生物量分配的影响[J]. 草业科学,33(10):
　　2062-2070.

闫巧玲,刘志民,李雪华,等,2007. 埋藏对65种半干旱草地植物种子萌发特性的影响[J]. 应用生态学报,18
　　(4):777-782.

闫小红,何春兰,周兵,等,2017. 不同生育期入侵植物大狼把草的生物量分配格局及异速生长分析[J]. 生态
　　与农村环境学报,33(2):150-158.

严青青,张巨松,徐海江,等,2019. 盐碱胁迫对海岛棉幼苗生物量分配和根系形态的影响[J]. 生态学报,39
　　(20):7632-7640.

岩学斌,袁金海,2019. 盐胁迫对植物生长的影响[J]. 安徽农业科学,47(4):30-33.

杨铎,2020. 黑河中游盆地地下水化学演化规律与水质特征[D]. 北京:中国地质大学.

杨磊,王彦荣,余进德,2010. 干旱荒漠区土壤种子库研究进展[J]. 草业学报,19(2):227-234.

杨淇越,赵文智,2014. 梭梭(*Haloxylon ammodendron*)叶片气孔导度与气体交换对典型降水事件的响应
　　[J]. 中国沙漠,34(2):419-425.

杨晓晖,于春堂,秦永胜,2007. 流动沙丘上生态垫防风固沙效果初步评价[J]. 生态环境,16(3):964-967.

杨新民,李玲燕,2005. 西北地区生态环境存在问题与生态修复对策[J]. 水土保持研究,12(5):98-100-106.

杨允菲,祝玲,1995. 松嫩平原盐碱植物群落种子库的比较分析[J]. 植物生态学报,19(2):144-148.

杨允菲,张宝田,李建东,2004. 松嫩平原人工草地野大麦无性系冬眠构件的结构及形成规律[J]. 生态学报,
　　24(2):268-273.

杨志江,李进,李淑珍,等,2008. 不同钠盐胁迫对黑果枸杞种子萌发的影响[J]. 种子,27(9):19-22.

尹传华,冯固,田长彦,等,2007. 塔克拉玛干沙漠边缘柽柳对土壤水盐分布的影响[J]. 中国环境科学,27(5):
　　670-675.

于素华,2005. 人工造林对科尔沁沙地土壤特性的影响[J]. 水土保持科技情报(1):27-29.

余玲,王彦荣,GARNETT Trevor,等,2006. 紫花苜蓿不同品种对干旱胁迫的生理响应[J]. 草业学报,15(3):
　　75-85.

袁飞敏,权有娟,陈志国,2018. 不同钠盐胁迫对藜麦种子萌发的影响[J]. 干旱区资源与环境,32(11):
　　182-187.

袁建立,张景光,王刚,2002. 沙坡头人工固沙区草本层片组成及其动态研究[J]. 中国沙漠,22(6):101-105.

袁素芬,唐海萍,2010. 短命植物生理生态特性对生境的适应性研究进展[J]. 草业学报,19(1):240-247.

原雅琼,何师意,于奭,等,2015. 柳江流域柳州断面水化学特征及无机碳汇通量分析[J]. 环境科学,36(7):
　　2437-2445.

昝丹丹,庄丽,2017. 新疆干旱荒漠区梭梭同化枝解剖结构的抗旱性比较[J]. 干旱区资源与环境,31(5):
　　146-153.

张德魁,马全林,刘有军,等,2009. 河西走廊荒漠区一年生植物组成及其分布特征[J]. 草业科学,26(12):
　　37-41.

张华,何红,李锋瑞,等,2005. 科尔沁沙地灌木对风沙土壤的生态效应[J]. 地理研究,24(5):708-716.

张继恩,梁存柱,付晓玥,等,2009. 阿拉善荒漠一年生植物种子萌发特性及生态适应性分析[J]. 干旱区资源与环境,23(2):175-179.

张继义,赵哈林,张铜会,等,2003. 科尔沁沙地植物群落恢复演替系列种群生态位动态特征[J]. 生态学报,23(12):2741-2746.

张继义,赵哈林,张铜会,等,2004. 科尔沁沙地植被恢复系列上群落演替与物种多样性的恢复动态[J]. 植物生态学报,28(1):86-92.

张建永,李扬,赵文智,等,2015. 河西走廊生态格局演变跟踪分析[J]. 水资源保护,31(3):5-10.

张洁明,孙景宽,刘宝玉,等,2006. 盐胁迫对荆条、白蜡、沙枣种子萌发的影响[J]. 植物研究,27(5):595-599.

张金峰,闫兴富,孙毅,等,2018. 柠条种子萌发对不同光照强度和沙埋深度的响应[J]. 生态学杂志,37(11):3262-3269.

张景光,周海燕,王新平,等,2002a. 沙坡头地区一年生植物的生理生态特性研究[J]. 中国沙漠,22(4):43-46.

张景光,李新荣,王新平,等,2002b. 人工固沙区一年生植物小画眉草种群异速生长动态研究[J]. 中国沙漠,22(6):85-89.

张景光,王新平,李新荣,等,2005. 荒漠植物生活史对策研究进展与展望[J]. 中国沙漠,25(3):306-314.

张静,张元明,周智彬,等,2007. 古尔班通古特沙漠生物结皮影响下土壤水分的日变化[J]. 干旱区研究,24(5):661-668.

张军,黄永梅,焦会景,等,2007. 毛乌素沙地油蒿群落演替的生理生态学机制[J]. 中国沙漠,27(6):977-983.

张科,田长彦,李春俭,2009. 一年生盐生植物耐盐机制研究进展[J]. 植物生态学报,33(6):1220-1231.

张克海,2020. 黑河中游不同景观类型的土壤水分动态研究[D]. 兰州:兰州交通大学.

张立运,2002. 新疆荒漠中的梭梭和白梭梭(下)[J]. 植物杂志(5):4-5.

张清华,赵玉峰,唐家良,等,2020. 京津冀西北典型流域地下水化学特征及补给源分析[J]. 自然资源学报,35(6):1314-1325.

张新时,1994. 巨乌索沙地的生态背景及其草地建设的原则与优化模式[J]. 植物生态学报,8(1):1-16.

张圆浩,阿拉木萨,印家旺,等,2020. 沙丘土壤含水量与地下水埋深时空变化特征[J]. 干旱区研究,37(6):1427-1436.

张志良,瞿伟菁,李小方,2009. 植物生理学实验指导:第4版[M]. 北京:高等教育出版社:32-227.

赵存玉,王涛,2005. 沙质草原沙漠化过程中植被演替研究现状和展望[J]. 生态学杂志,24(11):1343-1346.

赵哈林,2007. 沙漠化的生物过程及退化植被的恢复机理[M]. 北京:科学出版社.

赵哈林,周瑞莲,张铜会,等,2004a. 科尔沁沙地植被的统计学特征与土地沙漠化[J]. 中国沙漠,24(3):274-278.

赵哈林,赵学勇,张铜会,2004b. 沙漠化的生物过程及退化植被的恢复机理[M]. 北京:科学出版社:104-156.

赵哈林,赵学勇,张铜会,等,2004c. 沙漠化过程中植物的适应对策及植被稳定性机理[M]. 北京:海洋出版社.

赵哈林,苏永中,周瑞莲,2006. 我国北方沙地退化植被的恢复机理[J]. 中国沙漠,26(3):323-328.

赵哈林,大黑俊哉,李玉霖,等,2008. 人类放牧活动与气候变化对科尔沁沙质草地植物多样性的影响[J]. 草业学报,17(5):1-8.

赵哈林,曲浩,周瑞莲,等,2013a. 沙埋对两种沙生植物幼苗生长的影响及其生理响应差异[J]. 植物生态学报,37(9):830-838.

赵哈林,曲浩,周瑞莲,等,2013b. 沙埋对沙米幼苗生长及生理过程的影响[J]. 应用生态学报,24(12):3367-3372.

赵哈林,曲浩,周瑞莲,等,2013c. 沙埋对沙米幼苗生长、存活及光合蒸腾特性的影响[J]. 生态学报,33(18):5574-5579.

赵丽娅,李元哲,陈红兵,等,2018. 科尔沁沙地恢复过程中地上定植群落与土壤种子库特征及其关系研究[J]. 生态环境学报,27(2):199-208.

赵良菊,肖洪浪,程国栋,等,2008. 黑河下游河岸林植物水分来源初步研究[J]. 地球学报,29(6):709-718.

赵文智,2002. 科尔沁沙地人工植被对土壤水分异质性的影响[J]. 土壤学报,39(1):113-119.

赵文智,常学礼,2014. 河西走廊水文过程变化对荒漠绿洲过渡带 NDVI 的影响[J]. 中国科学:地球科学,44(7):1561-1571.

赵文智,杨荣,刘冰,等,2016. 中国绿洲化及其研究进展[J]. 中国沙漠,36(1):1-5.

赵文智,周宏,刘鹄,2017. 干旱区包气带土壤水分运移及其对地下水补给研究进展[J]. 地球科学进展,32(9):908-918.

赵文智,郑颖,张格非,2018. 绿洲边缘人工固沙植被自组织过程[J]. 中国沙漠,38(1):1-7.

赵晓英,孙成权,1998. 恢复生态学及其发展[J]. 地球科学进展,13(5):474-480.

赵昕,李玉霖,2001. 高温胁迫下冷地型草坪草几项生理指标的变化特征[J]. 草业学报,10(4):85-91.

赵昕,吴雨霞,赵敏桂,等,2007. NaCl 胁迫对盐芥和拟南芥光合作用的影响[J]. 植物学通报,24(2)154-160.

赵兴梁,李万英,1963. 樟子松[M]. 北京:农业出版社.

赵永宏,刘贤德,张学龙,等,2016. 祁连山区亚高山灌丛土壤含水量的空间分布与月份变化规律[J]. 自然资源学报,31(4):672-681.

郑度,2007. 中国西北干旱区土地退化与生态建设问题[J]. 自然杂志,29(1):7-11.

钟方雷,徐中民,窪田顺平,等,2014. 黑河流域分水政策制度变迁分析[J]. 水利经济,32(5):37-42+73.

周海,赵文智,何志斌,2017. 两种荒漠生境条件下泡泡刺水分来源及其对降水的响应[J]. 应用生态学报,28(7):2083-2092.

周海燕,张景光,李新荣,等,2005. 生态脆弱带不同区域近缘优势灌木的生理生态学特性[J]. 生态学报,25(1):168-175.

周俊,吴艳宏,2012. 贡嘎山海螺沟水化学主离子特征及其控制因素[J]. 山地学报,30(3):378-384.

周瑞莲,侯玉平,左进城,等,2015a. 不同沙地共有种沙生植物对环境的生理适应机理[J]. 生态学报,35(2):340-349.

周瑞莲,赵彦宏,杨润亚,等,2015b. 海滨滨麦叶片和根对不同厚度沙埋的生理响应差异分析[J]. 生态学报,35(21):7080-7088.

周晓兵,张元明,王莎莎,等,2010. 模拟氮沉降和干旱对准噶尔盆地两种一年生荒漠植物生长和光合生理的影响[J]. 植物生态学报,34(12):1394-1403.

周欣,左小安,赵学勇,等,2014. 半干旱沙地生境变化对植物地上生物量及其碳、氮储量的影响[J]. 草业学报,23(6):36-44.

朱国锋,潘汉雄,张昱,等,2018. 石羊河流域多水体酸根离子特征及影响因素[J]. 中国环境科学,38(5):1886-1892.

朱教君,许美玲,康宏樟,等,2005. 温度、pH 及干旱胁迫对沙地樟子松外生菌根菌生长影响[J]. 生态学杂志,24(12):1375-1379.

朱金峰,刘悦忆,章树安,等,2017. 地表水与地下水相互作用研究进展[J]. 中国环境科学,37(8):3002-3010.

朱丽,黄刚,唐立松,等,2017. 梭梭根系的水分再分配特征对其生理和形态的影响[J]. 干旱区研究,34(3):638-647.

朱雅娟,贾志清,刘丽颖,等,2011. 民勤绿洲外围不同林龄人工梭梭林的土壤水分特征[J]. 中国沙漠,31(2):442-446.

庄艳丽,赵文智,2010. 荒漠植物雾冰藜和沙米叶片对凝结水响应的模拟实验[J]. 中国沙漠,30(5):1068-1074.

宗莉,甘霖,康玉茹,等,2015. 盐分、干旱及其交互胁迫对黑果枸杞发芽的影响[J]. 干旱区研究,32(3):

400-503.

邹本功,丛自立,刘世建,1981. 沙坡头地区风沙流的基本特征及其防治效应的初步观测[J]. 中国沙漠,1(1): 33-39.

ALLEN R P,2011. Climate change:Human influence on rainfall[J]. Nature,470:344-345.

ALLEN S K,PLATTER G K,NAUELS A,2007. Climate change 2013:The physical science basis. An overview of the Working Group 1 contribution to the Fifth Assessment Report of the Intergovernmental Panel on Climate Change(IPCC)[J]. Computational Geometry,18(2):95-123.

ARONSON J,DHILLION S,FLOC'H,et al,1995. On the need to select an ecosystem of reference,however imperfect:A reply to Pickett and Parker[J]. Restoration Ecology,3:1-3.

ARONSON J,FLOC'H,LE E,1996. Hierarchies and landscape history:Dialoging with Hobbs and Norton[J]. Restoration Ecology,4:327-333.

ASHRAF M,FOOLAD M R,2007. Roles of glycine betaine and proline in improving plant abiotic stress resistance[J]. Environmental and Experimental Botany. 59(2):206-216.

ASSCHE J A,ANLERBEGRHE K A,1989. The role of temperature on dor-mancy cycle of seeds of Rumer obtusifolius L[J]. FunctionalEcology,3:107-115.

BASKIN C C,2001. Seeds:ecology,biogeography,and evolution of dormancy and germination[M]. Amsterdam:Elsevier.

BASKIN J M,BASKIN C C,1985. The annual dormancy cycle in buried weed seeds:A continuum[J]. Bioscience,35:492-498.

BEDUNAH D J,SCHMIDT S M,2000. Rangelands of Gobi Gurvan Saikhan National Conservation Park,Mongolia[J]. Rangelands Archives,22(4):18-24.

BEWLEY J Derek,1997. Seed germination and dormancy[J]. The Plant Cell,9(7):1055.

BRADBEER J W,1988. Seed dormancy and germination[M]. Blackie and Son Ltd.

BROCCAL,MORBIDELLR,MELONEF,et al,2007. Soil moisture spatial variability in experimental areas of central Italy[J]. Journal of Hydrology,333(2-4):356-373.

BROOKS Matthew L,2003. Effects of increased soil nitrogen on the dominance of alien annual plants in the Mojave Desert[J]. Journal of Applied Ecology,40(2):344-353.

BROWN G,2003. Species richness,diversity and biomass production of desert annuals in an ungrazed Rhanterium epapposum community over three growth seasons in Kuwait[J]. Plant Ecology,165(1):53-68.

BULLOCK J,1996. Plants[M]//SUTHERLAND W J. Ecological Census Techniques:A Handbook. Cambridge:Cambridge University Press:56-89.

BURGESS S S O,ADAMSMA,TURNERNC,et al,1998. The redistribution of soil water by tree root systems [J]. Oecologia,115(3):306-311.

CABIN R J,MARSHALL D L,2000. The demographic role of soil seed banks. I. Spatial and temporal comparisons of below-and above-ground populations of the desert mustard Lesquerella fendleri[J]. Journal of Ecology,88(2):283 292.

CAO C Y,JIANG D M,TENG X H,et al,2008. Soil chemical and microbiological properties along a chronosequence of Caragana microphylla Lam. plantations in the Horqin sandy land of Northeast China[J]. Applied Soil Ecology,40(1):78-85.

CARL D,SCHLICHTING,HARRY S,2002. Phenotypic plasticity:Linking molecular mechanisms with evolutionary outcome[J]. Evolutionary Ecology,16(3):189-211.

CAROL C B,JERRY M B,2014. Seeds:Ecology,biogeography,and evolution of dormancy and germination[J]. Plant Ecology :42-93.

CHEN H,MAUN M A,1999. Effects of sand burial depth on seed germination and seedling emergence of Cirsium pitcheri[J]. Plant Ecology,140(1):53-60.

CLAUSS M J,VENABLE D L,2000. Seed germination in desert annuals:an empirical test of adaptive bet hedging[J]. The American Naturalist,155(2):168-186.

COFFIN D P,LAUENROTH W K,1989. Spatial and temporal variation in the seed bank of a semiarid grassland[J]. American Journal of Botany:53-58.

COOMES D A,GRUBB P J,2003. Colonization,tolerance,competition and seed-size variation within functional groups[J]. Trends in Ecology & Evolution,18(6):283-291.

CURRELI A,WALLACE H,FREEMAN C,et al,2013. Eco-hydrological requirementsof dune slack vegetation and the implications of climatechange[J]. Science of the Total Environment,443:910-919.

DALLING J W,HUBBELL S P,2002. Seed size,growth rate and gap microsite conditions as determinants of recruitment success for pioneer species[J]. Journal of Ecology,90(3):557-568.

DARI J,MORBIDELLI R,SALTALIPPI C,et al,2019. Spatial-temporal variability of soil moisture:Addressing the monitoring at the catchment scale[J]. Journal of Hydrology,570:436-444.

DONG X W,ZHANG X K,BAO X L,et al,2009. Spatial distribution of soil nutrients after the establishment of sand-fixing s hrubs on sand dune[J]. Plant Soil Environ,55(7):288-294.

DONOVAN L A,WEST J B,PAPPERT R A,et al,1999. Predawn disequilibrium between plant and soil water potentials in two cold desert shrubs[J]. Oecologia,120:209-217

DREES L R,MANU A,WILDING L P,1993. Characteristics of aeolian dusts in Niger,West Africa[J]. Geoderma,59(1):213-233.

DUAN Z H,XIAO H L,LI X R,et al,2004. Evolution of soil properties on stabilized sands in the Tengger Desert,China[J]. Geomorphology,59(1):237-246.

EVENARI M,GUTTERMAN Y,1976. Observation on the secondary succession of three plant communities in the Negev desert,Isereal. Atermisietum herbae albae[M]//Jacques R Hommage au Prof P Chouard. Erudes de Biologie Vegetale. Paris:CNRS Gif Syr Yvette:57-86.

EZOE H,1998. Optimal dispersal range and seed size in a stable environment[J]. Journal of Theoretical Biology,190(3):287-293.

FENNER M,Thompson K,2005. The Ecology of Seeds[M]. Cambridge:Cambridge University Press.

FLOWERS T J,TROKE P F,YEO A R,1997. The mechanism of salt tolerance in halophytes[J]. Annual Review of Plant Physiology,28:89-121.

FLOWERS T J,COLOMER T D,2008. Salinity tolerance in halophytes[J]. New Phytologist,179:945-963.

FREAS K E,KEMP P R,1983. Some relationships between environmental reliability and seed dormancy in desert annual plants[J]. The Journal of Ecology,71:211-217.

GAILLARDET J,DUPRE B,LOUVAT P,et al,1999. Global silicate weathering and CO_2 consumption rates deduced from the chemistry of large rivers[J]. Chemical Geology,159(1).

GIBBS R J,1970. Mechanisms controlling world water chemistry[J]. Science,170(3962).

GORDON W S,JACKSON R B,2000. Nutrient concentrations in fine roots[J]. Ecology,81(1):275-280.

GRIME J P,2006. Trait convergence and trait divergence in herbaceous plant communities:Mechanisms and consequences[J]. Journal of Vegetation Science,17:255-260.

GRIME J P,MASON G,CURTIS A V,et al,1981. A comparative study of germination characteristics in a local flora[J]. The Journal of Ecology:1017-1059.

GUO Q F,RUNDEL P W,GOODALL D W,1998. Horizontal and vertical distribution of desert seed banks:Patterns,causes,and implications[J]. Journal of Arid Environments,38(3):465-478.

GUO Q F,RUNDEL P W,GOODALL D W,1999. Structure of desert seed banks:Comparisons across four North American desert sites[J]. Journal of Arid Environments,42(1):1-14.

GUTTERMAN Y,1993. Seed Germination in Desert Plants[M]. Springer-Verlag GmbH & Co. KG.

HAN G,LIU C,2004. Water geochemistry controlled by carbonate dissolution:A study of the river waters draining karst-dominated terrain,Guizhou Province,China [J]. Chemical Geology,204(1-2):1-21.

HEATHMAN G C,LAROSE M,COSH M H,et al,2009. Surface and profile soil moisture spatio-temporal analysis during an excessive rainfall period inthe Southern Great Plains,USA[J]. Catena,78:159-169.

HIGGS E S,1997. What is good ecological restoration? [J]. Conservation Biology,11:338-348.

HOBBS R J,1993. Can revegetation assist in the conservation of biodiversity in agricultural areas? [J]. Pacific Conservation Biology,1:29-38.

HOBBS R J,SAUNDERS D A,ARNOLD G W,1993. Integrated landscape ecology:A Western Australian perspective[J]. Biological Conservation,64:231-238.

HOBBS R J,HUMPHRIES S E,1995. An integrated approach to the ecology and management of plant invasions[J]. Conservation Biology,9:761-770.

HOBBS R J,NORTON D A,1996. Towards a conceptual framework for restoration ecology[J]. Restoration Ecology,4:93-110.

HOBBS R J,SAUNDERS D A,2001a. Nature conservation in agricultural landscapes:Real progress or moving deckchairs? [M]//Craig J,Mitchell N,Saunders D. Nature conservation. 5:Nature conservation in production landscapes. Chipping Norton,New South Wales,Australia:Surrey Beatty and Sons.

HOBBS R J,HARRIS J A,2001b. Restoration ecology:Repairing the earth's ecosystems in the New Millennium[J]. Restoration Ecology,9(2):239-246.

HOLMGREN M,SCHEFFER M,2001. El Niño as a window of opportunity for the restoration of degraded arid ecosystems[J]. Ecosystems,4(2):151-159.

HU L,ZHAO W Z,HE Z B,et al,2015. Soil moisture dynamics across landscape types in an arid inland river basin of Northwest China[J]. Hydrological Processes,29(15):3328-3341.

HU W,SHAO M G,WANG Q J,et al,2009. Time stability of soil water storage measured by neutron probe and the effects of calibration procedures in a small watershed[J]. Catena,79(1):72-82.

HU W,SHAO M G,HAN F P,et al,2010. Watershed scale temporal stability of soil water content[J]. Geoderma,158:181-198.

HUANG Z Y,GUTTERMAN Y,1998. Artemisia monospermaachene germination in sand:Effects of sand depth,sand/water content,cyanobacterial sand crust and temperature[J]. Journal of Arid Environments,38(1):27-43.

HUANG Z Y,ZHANG X S,ZHENG G H,et al,2003. Influence of light,temperature,salinity and storage on seed germination of Haloxylon ammodendron[J]. Journal of Arid Environments,55(3):453-464.

HUANG Z Y,DONG M,GUTTERMAN Y,2004. Factors influencing seed dormancy and germination in sand, and seedling survival under desiccation,of Psammochloa villosa(Poaceae),inhabiting the moving sand dunes of Ordos,China[J]. Plant and Soil,259(1-2):231-241.

HUH Y,TSOI M Y,ALEXANDR Z,et al,1998. The fluvial geochemistry of the rivers of eastern Siberia: I. Tributaries of the Lena river draining the sedimentary platform of the Siberian Craton[J]. Geochimica et Cosmochimica Acta,62(10):1657-1676.

JACOBS J M,MOHANTY B P,HSU E C,et al,2004. SMEX02:Field scale variability,time stability and similarity of soil moisture[J]. Remote Sensing of Environment,92:436-446.

JANSEN P I,ISON R L,1995. Factors contributing to the loss of seed from the seed-bank of Trifolium balansae and Trifolium resupinatum over summer[J]. Australian journal of ecology,20(2):248-256.

JI X,ZHAO W,KANG E,et al,2006. Transpiration from three dominant shrub species in a desert-oasis eco-tone of arid regions of Northwestern China[J]. Hydrological Processes,30(25):4841-4854.

JIA Y H,SHAO M A,2014. Dynamics of deep soil moisture in response to vegetational restoration on the Lo-ess Plateau of China[J]. Journal of Hydrology,519(Pt. A):523-531.

JOHNSON A R,WHITFORD W G,DE SOYZA A G,et al,2000. Multivariate characterization of perennial vegetation in the northern Chihuahuan Desert[J]. Journal of Arid Environments,44(3):305-325.

KANG J J,DUAN J J,WANG S M,et al,2013. Na compound fertilizer promotes growth and enhances drought resistance of the succulent xerophyte Haloxylon ammodendron[J]. Soil Science and Plant Nutrition,59(2): 289-299.

KANG J J,ZHAO W Z,ZHENG Y,et al,2017. Calcium chloride improves photosynthesis and water status in the C_4 succulent xerophyte Haloxylon ammodendron under water deficit[J]. Springer Netherlands,82(3).

KHAN M A,UNGAR I A,1996. Influence of salinity and temperature on the germination of haloxylon recur-vum Bunge ex. Boiss[J]. Annals of Botany,78(5):547-551.

KHAYAT P N,SHAHZAD J S,ROGHAYYEH Z M,et al,2010. Screening of salt tolerance Canola cultivars (Brassica napus L.)using physiological markers[J]. Word Applied Sciences Journal,10(7):817-820.

KOORNNEEF M,BENTSINK L,HILHORST H,2002. Seed dormancy and germination[J]. Current Opinion in Plant Biology,5(1):33-36.

KRIEGER A,POREMBSKI S,BARTHLOTT W,2003. Temporal dynamics of an ephemeral plant communi-ty:species turnover in seasonal rock pools on Ivorian inselbergs[J]. Plant Ecology,167(2):283-292.

LAUENROTH W K,BRADFORD J B,2009. Ecohydrology of dry regions of the United States:Precipitation pulses and intraseasonal drought[J]. Ecohydrology,2(2):173-181.

LEDIG F T,PERRY T O,1996. Physiological genetics of the shoot-root ratio[R]//Proceedings of the Society of American Foresters Annual Meeting. Washingon:Society of American Forester:39-43.

LEISHMAN M R,WRIGHT I J,MOLES A T,et al,2000. The evolutionary ecology of seed size[J]. Seeds: The Ecology of Regeneration in Plant Communities,2:31-57.

LEVITT J,1980. Responses of Plants to Environmental Stress[M]. New York:Academic Press:365-434.

LI Q Y,FANG H Y,2008. Effects of temperature and substrate type on germination of Nitraria sphaerocarpa [J]. Chinese Journal of Ecology,5:8.

LI Q Y,ZHAO W Z,FANG H Y,2006. Effects of sand burial depth and seed mass on seedling emergence and growth of Nitraria sphaerocarpa[J]. Plant Ecology,185(2):191-198.

LI X R,2005. Influence of variation of soil spatial heterogeneity on vegetation restoration[J]. Science in China Series D:Earth Sciences,48(11):2020-2031.

LI X R,WANG X P,LI T,et al,2002. Microbiotic soil crust and its effect on vegetation and habitat on artifi-cially stabilized desert dunes in Tengger Desert,North China[J]. Biology and Fertility of Soils,35(3): 147-154.

LI X R,XIAO H L,ZHANG J G,et al,2004a. Long-term ecosystem effects of sand-binding vegetation in the Tengger Desert,Northern China[J]. Restoration Ecology,12(3):376-390.

LI X R,MA F Y,XIAO H L,et al,2004b. Long-term effects of revegetation on soil water content of sand dunes in arid region of Northern China[J]. Journal of Arid Environments,57(1):1-16.

LI X R,HE M Z,DUAN Z H,et al,2007a. Recovery of topsoil physicochemical properties in revegetated sites in the sand-burial ecosystems of the Tengger Desert,Northern China[J]. Geomorphology,88(3):254-265.

LI X R,KONG D S,TAN H J,et al,2007b. Changes in soil and vegetation following stabilisation of dunes in the southeastern fringe of the Tengger Desert,China[J]. Plant and Soil,300(1-2):221-231.

LI X Y,XIAO D N,HE X Y,et al,2007. Factors associated with farmland area changes in arid regions:a case study of the Shiyang River basin,Northwestern China[J]. Frontiers in Ecology and the Environment,5(3): 139-144.

LIU Z M,YAN Q L,BASKIN C C,et al,2006. Burial of canopy-stored seeds in the annual psammophyte Agriophyllum squarrosum Moq. (Chenopodiaceae)and its ecological significance[J]. Plant and Soil,288(1-2): 71-80.

LLORET F,CASANOVAS C,PENUELAS J,1999. Seedling survival of Mediterranean shrubland species in relation to root:shoot ratio,seed size and water and nitrogen use[J]. Functional Ecology,13(2):210-216.

LORTIE C J,CUSHMAN J,2007. Effects of a directional abiotic gradient on plant community dynamics and invasion in a coastal dune system[J]. Journal of Ecology,95(3):468-481.

LU N N,CUI X L,WANG J H ,et al,2008. Effect of storage and light conditions on seed germination of 5 desert species in Zygophyllaceae[J]. J Desert Res,28:1130-1135.

LYNCH J,1995. Root architecture and plant productivity[J]. Plant Physiology,109(1):7-13.

MADON O,MEDAIL F,1997. The ecological significance of annuals on a Mediteerranean grassland(Mt Ventoux,France)[J]. Plant Ecology,129(2):189-199.

MAHAJAN S,TUTEJA N,2005. Cold,salinity and drought stresses:An overview[J]. Archives of Biochemistry and Biophysics,444(2):139-158.

MARONE L,ROSSI B E,CASENAVE L D E,1998. Granivore impact on soil-seed reserves in the central Monte desert,Argentina[J]. Functional Ecology,12(4):640-645.

MAUN M A,1981. Seed germination and seedling establishment of Calamovilfa longifolia on Lake Huron sand dunes[J]. Canadian Journal of Botany,59(4):460-469.

MAUN M A. 1998. Adaptations of plants to burial in coastal sand dunes[J]. Canadian Journal of Botany,76: 713-738.

MAUN M A,LAPIERRE J,1986. Effects of burial by sand on seed germination and seedling emergence of four dune species[J]. American Journal of Botany,73(3):450-455.

MCEACHERN A K,1992. Landscape ecology and population dynamics of Cirsium pitcheri,a Great Lakes dunes endemic thistle[D]. Madison:University of Wisconsin.

MCINTYRE S,HOBBS R J,1999. A framework for conceptualizing human impacts on landscapes and its relevance to management and research[J]. Conservation Biology,13:1282-1292.

MIDDLETON B K,1999. Developments in magnetic recording on rigid disks[J]. Journal of Magnetism and Magnetic Materials,193(1/3):24-28.

MIN S K,ZHANG X B,FRANCIS W Z,et al,2011. Human contribution to more-intense precipitation extremes[J]. Nature,470:378-381.

MOHANTY B P,SKAGGS T H,2001. Spatio-temporal evolution and time-stable characteristics of soil moisture within remote sensing footprints with varying soil,slope,and vegetation[J]. Advances in Water Resources,24:1051-1067.

MOLES A T,FALSTER D S,LEISHMAN M R,et al,2004a. Small-seeded species produce more seeds per square metre of canopy per year,but not per individual per lifetime[J]. Journal of Ecology,92(3):384-396.

MOLES A T,WESTOBY M,2004b. Seedling survival and seed size:a synthesis of the literature[J]. Journal of Ecology,92(3):372-383.

MOLES A T,WESTOBY M,2006. Seed size and plant strategy across the whole life cycle[J]. Oikos,113(1): 91-105.

MOORE Michael C,1986. Elevated testosterone levels during nonbreeding-season territoriality in a fall-breeding lizard,Sceloporus jarrovi[J]. Journal of Comparative Physiology A,158(2):159-163.

MUNA M A,LPAIERRE J,1986. Effects of burial by sand on seed germination and seedling emergence of four dune species[J]. Amencan Journal of Botauy,73(3):450-155.

NOSETTO M D,JOBBAGY E G,TOTH T,et al,2008. Regional patterns and controls of ecosystem salinization with grassland afforestation along a rainfall gradient [J]. Global Biogeochemical Cycles, 22 (2): 1029-1037.

OBA G,WELADJI R B,MSANGAMENO D J,et al,2008. Scaling effects of proximate desertification drivers on soil nutrients in northeastern Tanzania[J]. Journal of Arid Environments,72(10):1820-1829.

PAMMENTER N W, BERJAK P, 1984. Recalcitrant seeds: Short-term storage effects in Avicennia merina (Forsk.)Vierh. May be germination-associated[J]. Annals of Botany,54:843-846.

PICKETT S T A,PARKER V T,1994. Avoiding the old pitfalls:opportunities in a new discipline[J]. Restoration Ecology,2:75-79.

PIERCE S M,COWLING R M,1991. Dynamics of soil-stored seed banks of six shrubs in fire-prone dune fynbos[J]. The Journal of Ecology:731-747.

RAPPORT D J,COSTANZA R,MCMICHAEL A J,1998. Assessing ecosystem health[J]. Trends in Ecology and Evolution,13:397-402.

REDMAN C L,1999. Human Impact on Ancient Environments [M]. Tucson(AZ): University of Arizona Press.

REJILI M,VADEL A M,GUETET A,et al,2006. Effect of NaCl on the growth and the ionic balance K+/Na+ of two populations of Lotus creticus(L.)(Papilionaceae)[J]. Lotus Newsletter,36(2):34-53.

REN J,TAO L,2004. Effects of different pre-sowing seed treatments on germination of 10 Calligonum species [J]. Forest ecology and management,195(3):291-300.

REN J,TAO L,LIU X M,2002. Effect of sand burial depth on seed germination and seedling emergence of Calligonum L. species[J]. Journal of Arid Environments,51(4):603-611.

REYNOLDS J F, SMITH D M S, LAMBIN E F, et al, 2007. Global desertification: Building a science for dryland development[J]. Science,316(5826):847-851.

RICE K J,DYER A R,2001. Seed aging,delayed germination and reduced competitive ability in Bromus tectorum[J]. Plant Ecology,155(2):237-243.

ROBINSON M D,2004. Growth and abundance of desert annuals in an arid woodland in Oman[J]. Plant Ecology,174(1):137-145.

SCHULZE E D, CALDWELL M M, CANADELL J, et al, 1998. Downward flux of water through roots (i. e. inverse hydraulic lift)in dry Kalahari sands[J]. Oecologia,115(4):460-462.

SEIWA K,WATANABE A,SAITOH T,et al,2002. Effects of burying depth and seed size on seedling establishment of Japanese chestnuts,Castanea crenata[J]. Forest Ecology and Management,164(1):149-156.

SILVERTOWN J W,1981. Seed size,life span,and germination date as coadapted features of plant life history [J]. American Naturalist:860-864.

SILVERTOWN J W,1982. Introduction to Plant Population Ecology[M]. London:Langman:35-38.

SIMONS A M,JOHNSTON M O,2000. Variation in seed traits of Lobelia inflata(Campanulaceae):sources and fitness consequences[J]. American Journal of Botany,87(1):124-132.

SMITH S E,EMILY R,TISS J L,et al,2000. Geographical variation in predictive seedling emergence in a perennial desert grass[J]. Journal of Ecology,88(1):139-149.

SPARLING G,ROSS D,TRUSTRUM N,et al,2003. Recovery of topsoil characteristics after landslip erosion in dry hill country of New Zealand, and a test of the space-for-time hypothesis[J]. Soil Biology and Biochemistry, 35(12):1575-1586.

SPERRY J S, HACKE U G, 2002. Desert shrub water relations with respect to soil characteristics and plant functional type[J]. Functional Ecology, 16(3):367-378.

SU P X, CHENG G D, YAN Q D, et al, 2007. Photosynthetic regulation of C4 desert plant Haloxylon ammodendron under drought stress[J]. Plant Growth Regulation, 51(2):139-147.

SU Y Z, WANG X F, YANG R, et al, 2010. Effects of sandy desertified land rehabilitation on soil carbon sequestration and aggregation in an arid region in China[J]. Journal of Environment Management, 91:2109-2116.

TADEY M, TADEY J, TADEY N, 2009. Reproductive biology of five native plant species from the Monte Desert of Argentina[J]. Botanical Journal of the Linnean Society, 161:190-201.

THOMPSON P A, 1973. Seed germination in relation to ecological and geographical distribution[J]. Taxonomy and ecology:93-119.

THOMPSON K, GRIME J P, 1979. Seasonal variation in the seed banks of herbaceous species in ten contrasting habitats[J]. The Journal of Ecology:893-921.

TOBE K, LI X M, OMASA K J, 2000. Effects of sodium chloride on seed germination and growth of two Chinese desert shrubs, Haloxylon ammodendron and H. persicum (Chenopodiaceae)[J]. Australian Journal of Botany, 48(4):455-460.

TOBE K, ZHANG L P, QIU G Y, 2001. Characteristics of seed germination in five non-halophytic Chinese desert shrub species[J]. Journal of Arid Environments, 47(2):191-201.

TONGWAY D J, LUDWIG J A, 1996. Rehabilitation of semiarid landscapes in Australia. I. Restoring productive soil patches[J]. Restoration Ecology, 4:388-397.

TRENBERTH K E, 2011. Changes in Precipitation with Climate Change[J]. Climate Research, 47(1):123-138.

VLEESHOUWERS I M, 1997. Modeling the effect of temperature, soil penetration resistance, burial depth and seed weight on preemergence growth of weeds[J]. Annals of Botany, 79:553-563.

WANG G H, ZHAO W Z, 2015. The spatio-temporal variability of groundwater depth in a typical desert-oasis ecotone[J]. Journal of Earth System Science, 124(4):799-806.

WANG X P, LI X R, XIAO H L, et al, 2006. Evolutionary characteristics of the artificially revegetated shrub ecosystem in the Tengger Desert, Northern China[J]. Ecological Research, 21(3):415-424.

WANG X P, RONNY B, LI X R, et al, 2004. Water balance change for a re-vegetated xerophyte shrub area/Changement du bilan hydrique d'une zone replantée d'arbustes xérophiles[J]. Hydrological Sciences Journal, 49(2):283-295.

WANG Y Q, MA J Z, ZHANG Y L, et al, 2013. A new theoretical modelaccounting for film flow in unsaturated porous media[J]. Water Resources Research, 49:5021-5028.

WEINER J, 1988. The influence of competition on plant reproduction[M]//Doust J L, Doust L L. Plant Reproductive Ecology, Patterns and Strategies. Oxford: Oxford University Press: 228-245.

WERTIS B, UNGAR I A, 1986. Seed demography and seedling survival in a population of Atriplex triangularis Willd[J]. American Midland Naturalist, 116:152-162.

WESTOBY M, LEISHMAN M, LORD J, 1996. Comparative ecology of seed size and dispersal [and discussion][J]. Philosophical Transactions of the Royal Society of London Series B: Biological Sciences, 351(1345):1309-1318.

WEZEL A, RAJOT J L, HERBRIG C, 2000. Influence of shrubs on soil characteristics and their function in Sahelian agro-ecosystems in semi-arid Niger[J]. Journal of Arid Environments,44(4):383-398.

WHISENANT S G, 1999. Repairing Damaged Wildlands: A processoriented, landscape-scale approach[M]. Cambridge:Cambridge University Press.

WILLSON M F,1983. Plant Reproductive Ecology [M]. New York:John wiley&Sons:1-44.

XU C C,CHEN Y N,YANG Y H,et al,2010. Hydrology and water resources variation and its response to regional climate change in Xinjiang [J]. Journal of Geographical Sciences,20(4):599-612.

XU H,LI Y,2006. Water-use strategy of three central Asian desert shrubs and their responses to rain pulse events [J]. Plant and Soil,285(1-2):5-17.

YANG Q Y,ZHAO W Z,LIU B, et al,2014. Physiological responses of Haloxylon ammodendron to rainfall pulses in temperate desert regions,Northwestern China[J]. Trees,28(3):709-722.

YATES C J,NORTON D A,HOBBS R J,2000. Grazing effects on soil and microclimate in fragmented woodlands in southwestern Australia:Implications for restoration[J]. Austral Ecology,25:36-47.

YU Kailiang,WANG Guohua,2018. Long-term impacts of shrub plantations in a desert-oasis ecotone:Accumulation of soil nutrients,salinity,and development of herbaceour layer[J]. Land Degradation & Development,29:2681-2693.

YU Z,WANG L H,1997. Causes of seed dormancy of three species of Calligonum[J]. Journal of Northwest Forestry College,13(3):9-13.

ZHANG J Y,LI Y,ZHAO W Z,et al,2015. Tracking analysis on changes of ecological patterns in Hexi Corridor Region[J]. Water Resources Protection,31(3):5-10.

ZHAO H L,GUO Y R,ZHOU R L,et al,2011. The effects of plantation development on biological soil crust and topsoil properties in a desert in northern China[J]. Geoderma,160(3):367-372.

ZHAO L W,ZHAO W Z,2014. Water balance and migration for maize in an oasis farmland of northwest China [J]. Chinese Science Bulletin,59:4829-4837.

ZHAO W Z,LI Q Y,FANG H Y,2007. Effects of sand burial disturbance on seedling growth of Nitraria sphaerocarpa[J]. Plant and soil,295(1-2):95-102.

ZHAO W Z,ZHENG Y,ZHANG G F,2018. Self-organization process of sand-fixing plantation in a desert-oasis ecotone,Northwestern China[J]. Journal of Desert Research,38(1)1-7.